秦皇岛柳江盆地及周边区域地质实习指导书

刘连忠 邵先杰 崔贵云 刘书燕 ◎编著

燕山大学出版社
·秦皇岛·

图书在版编目（CIP）数据

秦皇岛柳江盆地及周边区域地质实习指导书 / 刘连忠等编著. — 秦皇岛：燕山大学出版社，2021.8

ISBN 978-7-5761-0146-1

Ⅰ.①秦… Ⅱ.①刘… Ⅲ.①盆地－区域地质－柳江县－教育实习－高等学校－教学参考资料 Ⅳ.①P562.674

中国版本图书馆 CIP 数据核字（2021）第 184727 号

秦皇岛柳江盆地及周边区域地质实习指导书
刘连忠 邵先杰 崔贵云 刘书燕 编著

出 版 人：	陈　玉
责任编辑：	唐　雷
封面设计：	吴　波
出版发行：	燕山大学出版社
地　　址：	河北省秦皇岛市河北大街西段 438 号
邮政编码：	066004
电　　话：	0335-8387555
印　　刷：	英格拉姆印刷(固安)有限公司
经　　销：	全国新华书店

开　本：787mm×1092mm　1/16	印　张：13	字　数：240 千字
版　次：2021 年 8 月第 1 版	印　次：2021 年 8 月第 1 次印刷	

书　号：ISBN 978-7-5761-0146-1

定　价：54.00 元

版权所有　侵权必究

如发生印刷、装订质量问题，读者可与出版社联系调换

联系电话：0335-8387718

内 容 提 要

本书共分四章，第一章详细讲解了野外地质实习的目的、需要注意的安全事项、野外地质实习基本操作方法以及其他相关要求；第二章介绍了秦皇岛地区的自然资源和经济概况；第三章介绍了柳江盆地的区域地质概况；第四章详细讲解了各实习线路的地质现象。为了满足高等院校相关专业的本科生和研究生野外实践教学以及工程技术人员考察的需要，本书以秦皇岛柳江盆地为中心，扩展到了周边区域，共优选了秦皇岛地区十八条实习线路，每条路线都包含地质现象的详细描述与分析以及明确的地理位置、区域构造位置、教学内容和思考题。希望通过柳江盆地的实践教学为学生后面的学习和以后的实际工作打下坚实的基础。

本书适合地质工程、石油工程和资源勘查工程等专业的本科生、研究生在秦皇岛地区的野外地质实习使用和教师参考，也适合地质、石油等相关研究院所的技术人员地质考察参考之用。

本书著者名录

河北柳江盆地地质遗迹国家级自然保护区管理中心：
刘连忠　崔贵云　刘书燕　董常青　路大宽　孙　涛

燕山大学：
邵先杰　褚庆忠　马平华　王连进　郑黎明

前　言

地球科学和地质现象具有空间宏大、时间漫长、过程复杂、隐蔽地下的特点。我们能看到的地质现象是在漫长的地质历史时期形成的，并出露到地表的现象。我们不能目睹其形成过程，因为历史不能重演；我们不能看到地下深层的现象，而矿产资源多是埋藏在地下深部，需要研究和认识。地质学的基本研究方法是通过野外地质调查，获得详尽、客观、准确的地质资料，借助科学的勘探技术和地质理论，通过地表现象分析和规律的总结，分析地下地质情况，即"由表及里"法。通过现代地质作用现象的观察分析，了解各类地质现象的形成过程，采用历史比较法分析地质历史时期地质现象形成的机理，恢复地质运动的过程，即"将今论古"法。

地质认识实习是本科生在"基础地质学"或"地球科学概论"等地质基础课程理论教学完成后的重要实践教学环节，目的是通过野外地质现象的观察、测量、描述、分析、编图，增加对地质现象的感性认识和时空概念，加深对理论知识的理解，掌握地质现象测量、描述、分析的基本技能和方法，培养学生对地球科学的思维能力。

秦皇岛柳江盆地在 300 km^2 的范围内保存了从新太古代至新生代 30 亿年以来各个地质历史时期形成的 24 个地层组单位。发育有新太古代和中生代两个时期形成的侵入岩以及中生代两次火山活动形成的喷出岩；有大规模区域变质作用形成的片麻岩，有接触变质作用形成的矽卡岩、大理岩和板岩以及构造运动形成的动力变质岩等；发育有海相、陆相、海陆过渡相的沉积岩。沉积岩的岩石类型有 20 余种，火成岩有近 30 种，变质岩有 10 多种。区内有 9 个地层不整合，反映了海陆变迁和地壳的演化过程。秦皇岛地区处于华北地台的边缘，东邻太平洋板块，紧靠郯庐大断裂，构造运动活跃，有区域构造运动形成的造山带和海陆升降形成的区域不整合面，又有局部构造活动形成的小型褶皱、断层和岩溶地貌；既有水平运动，又有升降运动；

有古构造运动形成的背景格局和新构造运动形成的叠加现象，也有现代构造活动的一些现象和特征。地层中保存有从原始低等生物到更新世哺乳动物等不同发展阶段的生物化石。

柳江盆地三大岩类发育齐全，构造现象丰富，记录了从太古代至新生代华北地台，乃至全球地壳运动、岩浆活动、沉积环境、气候演化以及生物进化和发展等各种重要地质事件与地质现象。再加上周边地区的冲积沉积、河流沉积、三角洲沉积、滨浅海沉积以及其他海洋地质作用、第四纪风化剥蚀等现代地质作用和现象，就是一部完整的地学教科书。从1923年发现柳江盆地并作为教学实习基地开始，至今已近百年，累计接纳过的地质、石油、矿产资源、地理、土木工程和资源环境等专业实习的大专院校约87所，每年来此实习的本科生、研究生、教师约15 000人次，另外，来此考察的地质、石油等研究院所、公司的工程技术人员数百人次。几十年来，从这里走出了数十名地学院士以及无数的地学、地理学、石油工程等专业方向的教授、专家和工程技术人员。这里是中国最大的野外实习基地，被称作"地质学家的摇篮"。河北省人民政府于1999年5月批准建立"秦皇岛柳江盆地地质遗迹省级自然保护区"，2005年批准建立国家级自然保护区，并成立了管理机构"河北柳江盆地地质遗迹国家级自然保护区管理处"，2019年更名为"河北柳江盆地地质遗迹国家级自然保护区管理中心"。

河北柳江盆地地质遗迹国家级自然保护区管理中心在盆地中心区的石门寨镇建立了实习基地，基地由教学基地、柳江地学博物馆、地质灾害科普体验馆和科普广场四部分组成。教学基地有学生宿舍、教师公寓、学生食堂、教师餐厅、浴室、超市等基础配套设施，可同时接纳1400多名师生开展教学活动。秦皇岛柳江地学博物馆建筑面积3000 m^2，由柳江盆地地质公园厅、地球科学厅、岩矿与化石标本厅、柳江盆地地质遗迹厅、大屏幕报告厅五个部分组成。馆内有丰富的图版、实物标本、仿真模型、视频和仿真场景，使参观者能够了解地球的内部结构和演化过程，了解柳江盆地的形成、海陆变迁的过程以及保留下来的地质遗迹资源。地质灾害科普体验馆分为科普展厅和4D动感影院两部分，科普展厅介绍了地质灾害的种类、危害以及如何防治、避险等科普常识；4D动感影院通过科普影片可以模拟地震、火山、海啸、泥石流等地质灾害现象，使公众切身体验地质灾害的发生过程和破坏的严重程度。科普广场占地面积10 000 m^2，由摇篮曲广场、地质遗迹微缩景观墙、标本广场三部分组成，以群雕、地质遗迹微缩景观墙和大型岩矿标本展示的形式展现了柳江盆地在地质演化过程中形成的各类岩石以及地质工作者野外勘探的工作场景。

为了更好地服务全国各地来秦实习的师生们，河北柳江盆地地质遗迹国家级自然保护区管理中心在河北省林业和草原局的支持下，组织专家在对柳江盆地进行比较全面考察的基础上编写了该教材。值此机会，笔者对上级单位、领导、专家给予的支持和帮助表示衷心感谢！燕山大学硕士研究生张振、刘益林、张宝聪、郑朋会、方玉玉、犹遵艳、闫燚、李明峰、李锋、刘泽恒、韩森伟、张宏远、高文龙、林景煜、王茜茜、Hamza Issa Mahamadou Kabirou 等参加了野外考察、测量和记录等工作，他们都为本书的出版付出了心血，在此表示感谢。

由于受地质露头出露范围的限制，对现象的描述和分析不一定十分准确，并且涉及的专业知识面广，再加上作者能力和水平所限，肯定存在很多不足，甚至有错误的地方，敬请广大专家和读者批评指正，为以后的修订提供帮助。我们共同努力，把柳江盆地建设成为地球科学实践教学以及地质和石油等专业方向的工程技术人员培训的优良基地。

目 录

第一章 野外地质实习指南 ··· 001
 第一节 野外地质实习的目的 ·· 003
 第二节 野外地质实习的组织纪律与安全 ··· 004
 第三节 野外地质实习基本操作方法 ··· 006
 第四节 岩石的描述方法与矿物的鉴定方法 ·· 010
 第五节 地质图件的绘制 ·· 018
 第六节 野外地质实习报告的编写 ·· 021
 第七节 野外地质实习成绩评定办法 ··· 022

第二章 秦皇岛地区自然地理与经济概况 ··· 023
 第一节 自然地理与交通 ·· 025
 第二节 矿产资源 ·· 028
 第三节 经济概况 ·· 030

第三章 柳江盆地区域地质概况 ·· 033
 第一节 柳江盆地地质简况及地层层序 ·· 035
 第二节 岩石类型 ·· 041
 第三节 主要矿物 ·· 046
 第四节 地质构造 ·· 051
 第五节 地质演化发展简史 ··· 052

第四章 野外地质实习路线及实习内容 ··· 055
 第一节 张岩子—东部落上太古界—寒武系下统剖面以及多个地层不整合线路 ··· 057
 第二节 鸡冠山上太古界—上元古界剖面及构造线路 ································· 066
 第三节 沙河寨寒武系下统—中统剖面以及岩溶作用线路 ·························· 075
 第四节 东部落西山寒武系中统剖面及侵入岩岩脉线路 ····························· 079

第五节　潮水峪东山寒武系中统—上统剖面及多种类型碳酸盐岩线路 …… 083

第六节　潮水峪北山奥陶系下统—中统剖面以及生物化石线路 ………… 091

第七节　亮甲山奥陶系下统—中统剖面及基性侵入岩岩床线路 ………… 099

第八节　石门寨西—瓦家山石炭系—二叠系剖面及球状风化现象线路 …… 104

第九节　黑山窑—大洼山三叠系上统—侏罗系中统剖面及多种典型沉积体系线路 ……………………………………………………………… 113

第十节　喇嘛山河流、沼泽相露头线路 ………………………………… 127

第十一节　砂锅店东山岩溶地貌及斑状花岗岩岩墙线路 ………………… 132

第十二节　山羊寨—祖山古生物、构造以及侵入岩线路 ………………… 137

第十三节　上庄坨小傍水崖火山岩特征及河流地质作用线路 …………… 145

第十四节　马蹄岭火山岩及构造线路 ……………………………………… 150

第十五节　板厂峪火山岩岩石特征及大型石灰岩溶洞线路 ……………… 153

第十六节　山东堡—燕山大学现代滨海沉积作用及风化作用线路 ……… 161

第十七节　鸽子窝现代三角洲沉积作用及海岸地貌线路 ………………… 166

第十八节　老虎石基岩海岸地貌特征及海洋地质作用线路 ……………… 174

参考文献 ……………………………………………………………………… 179

附图 …………………………………………………………………………… 180

第一章
野外地质实习指南

第一节　野外地质实习的目的

野外地质实习是地质类、能源类、矿业类等专业在"基础地质学"或"地球科学概论"等专业基础理论课修完后的重要实践环节，主要目的是培养学生们具有地球科学的思维能力，提升学生们的实际应用能力，归纳起来主要包括以下几个方面：

（1）掌握地质学的野外工作方法。熟练掌握罗盘的使用方法，学会测量地层参数；学会使用地形图、地质图，并能够应用到未来的工作中；学会野外岩石样品的采集、编号和处理。

（2）增强对地质现象的感性认识和时空概念，加深对书本上理论知识的理解。

（3）掌握矿物、岩石以及古生物的鉴别方法，并能应用到实际工作中。

（4）掌握地层、构造以及其他地质现象的测量、描述和分析方法，提升实践能力，为未来的工作奠定基础。

（5）了解地质图件的编制规范，掌握地质图件的编制方法。

（6）掌握地质报告的撰写方法，了解行业标准，培养地质研究的综合能力。

（7）建立科学的地球观，培养学生们对地球科学的思维能力，提升发现问题、分析问题和解决问题的能力。

第二节 野外地质实习的组织纪律与安全

一、组织纪律

（1）实习前由各组组长带组员找老师领取实习工具和野外地质实习记录簿。每次出发时检查实习工具，离开实习地点之前检查实习工具和记录簿，确保实习期间不丢失工具和资料。

（2）实习期间除病假外，其他事情均不许请假。病假需要有校医院医生或当地县级医院以上医生开具的证明。

（3）实习以小组为单位，实行组长负责制。组长要切实负起责任，每天出发时，上车前清点人数，上报给带队老师；收工后，上车前清点人数，上报给带队老师。

（4）严格作息制度，不得私自去河、湖、海中游泳。

（5）实习期间要尊重当地的风俗习惯，礼貌待人，不与当地居民发生冲突。

（6）实习期间不踩庄稼、不摘水果、不毁坏树木、不乱丢垃圾、要保护环境。

二、安全

（1）出野外期间不许穿拖鞋、凉鞋、短裤、裙子，要穿运动鞋或野外用鞋，要穿长衣长裤，戴太阳帽。可以带上雨伞以防下雨，但野外地质现象观察时不下雨的情况下不允许打伞。

（2）早饭一定要吃好，带足水，防范中暑。如果身体不适，要及早报告老师。

（3）实习期间不允许相互打闹、追逐、推搡，避免受到伤害。严禁在野外实习期间随意扔石头、抛物，以免误伤到人。

（4）严禁站在悬崖边上，避免滑落；严禁站在有危险的悬崖下，防范塌方；严禁爬树。

（5）爬山时要注意前后的同学，不要踩踏不稳固的岩石，以防滑落伤到后面的同学。

（6）在野外要避免从高处向台阶下跳跃，因为不了解下方情况，草丛下面可能有树杈、棘刺、尖棱状的石头，会伤到自己。

（7）在野外听老师讲解或观察岩石时，站定后不要随意移动，如果要移动，先抬头环顾一下四周的脚下再迈腿，要避免不抬头就前进、后退或左右移动，防止踩空摔倒。

（8）出野外前要了解当天的天气情况，遇到恶劣的天气要及时撤离，紧急时要躲避到安全地带，注意防范雷电、暴雨、洪水、塌方和泥石流。

（9）出野外前，要了解当天实习点的地形、地貌、河流和交通情况，做到心中有数。

第三节　野外地质实习基本操作方法

一、地质罗盘的使用

地质罗盘是野外地质工作必不可少的工具，利用它可以测量方位，测量地层、断层、不整合面和岩体等各类地质界面和地质体的走向、倾向和倾角。在使用时要注意以下方面：

（1）要校正磁偏角。由于罗盘上的指针是指向磁北极，而磁北极与地理北极不重合，这样罗盘上的零方位与真正的正北方位有偏差，就需要调整罗盘的刻度盘方向。若磁偏角西偏时，调整刻度盘上的"0"刻度沿逆时针旋转一个磁偏角的刻度；若磁偏角东偏时，调整刻度盘上的"0"刻度沿顺时针旋转一个磁偏角的刻度。秦皇岛地区的磁偏角大约是西偏6°，所以需要把刻度盘沿逆时针旋转6°，即刻度盘上的354对准小铜针。

（2）方位测量。打开罗盘，放在胸前，一只眼睛在一条竖线上，瞄准器朝外，竖起瞄准器，调整反光镜的角度，使自己低头通过反光镜能看到被测量物体和瞄准器。然后端平罗盘，保证气泡居中，通过微调转动身体，使被测量物体通过瞄准器的中缝，并使瞄准器顶部的尖与反光镜的中线重合（闭上另一只眼睛，用罗盘正上方的一只眼睛看），此时白针所指的数据就是目标物体在自己所站立点的方位。[就是从白针所指的数据（N方向）开始沿顺时针方向读数到小铜针处的角度]

（3）地层、断层或其他层面产状的测量。产状包括面的走向、倾向和倾角。一般是先测走向，换算出倾向，再测倾角。

层面走向测量时，是用气泡一侧的长侧边的下沿紧贴在倾斜的层面上，不离开层面，不断扭动旋转，使气泡居中，此时瞄准器的中缝和反光镜的中线方向就是地层的走向方向，白针所指的数据即走向数据。如果是把罗盘中气泡相对的长侧边的下沿紧贴在倾斜的层面上，调整水平后，从白针（N方向）所指的数据开始沿顺时针方向读数到小铜针处的角度即为层面的走向。（就是把白针所指数据作为零点，沿顺时针数到小铜针的数据）当然，走向有两个方向，该数据再加180°，也是走向。

层面的倾向和走向是垂直的，有了走向数据后，加90°或减90°就是倾向。如果是把罗盘中气泡一侧的长侧边的下沿紧贴在倾斜的层面上，以白针（N方向）所指的数据作为层面走向的话，加 90° 就是倾向，如果超过 360°，就要再减去 360°，其结果就是倾向。如果是把罗盘中气泡相对的长侧边的下沿紧贴在倾斜的层面上，从白针（N 方向）所指的数据开始沿顺时针方向读数到小铜针处的角度作为层面的走向的话，减 90° 就是倾向，如果减后是负值，就要再加 360°，其结果就是倾向。倾向的确定要在现场看着层面确定下来，避免离开后换算错误。

倾角测量时，把罗盘侧立在倾斜的层面上，（盘面上的水平气泡一侧在上面，即水平气泡的对面一侧贴在层面上）让罗盘的侧面紧贴层面，并与走向线垂直，调整测斜水准仪，使气泡居中，此时上面的白色箭头所指数据即层面的倾角。如果担心罗盘与走向线没有垂直，可以多次微调，读数最大的就是层面准确的倾角。

（4）地形坡度的测量。自己站在坡脚处，在坡顶找一参照物，比如小树、突出的岩石等，与自己的身高相当，面对山顶参照物，手持罗盘，打开长瞄准器，伸展，并把其上的小瞄准器折成 90°，用一只眼睛对准其上的小圆孔，折叠反光镜，并调整，使自己的视线通过瞄准器的小孔和反光镜上的椭圆形小孔看到山顶参照物的目标点，并通过反光镜观看盘面，调整测斜水准仪，使气泡居中，读出上面白色箭头所指数据，（通过反光镜观察）即山坡的倾角。

二、地形图、地质图的应用

1. 地形图的应用

地形图是野外地质工作必备的基础资料，利用地形图可以了解工区的地形、地貌、河流、交通和村镇等。以地形图为底图可进行地质填图，编制地形剖面以及开展其他方面的地质工作。地形图属于机密资料，要妥善保管，不得丢失和泄密。

阅读地形图时要注意几个方面的内容，包括图名、图例、比例尺、图幅位置、磁偏角等。要学会用地形图分辨山峰、山脊、山谷、山坡、鞍部、绝壁、凹地，学会利用地形图判断坡度的陡缓。

地形图在地质踏勘中有以下几方面的作用：

（1）部署地质测量剖面线。结合地质图，根据地层的出露情况，利用地形图可以选择避开村镇交通方便的线路。最后把实际观察的线路标注在地形图上。

（2）地质定点。就是在地形图上标注地质观察点和地层界限等重要标志点，为后期的工作奠定基础，如果没有标记的话，下次工作就可能找不到，别人也无法应用你的成果，你的工作就失去了意义。

地质定点的方法是根据观察点与地形图上标注的特殊地形、地物之间的相对位置确定。借助罗盘测量与特殊地物之间的方位，估算出距离，再在地形图上通过量角器、直尺标注标志点。可以多确定几个参照物，相互校正，最后准确确定。

（3）制作地形剖面。绘制信手剖面或地质测量剖面时都要先绘制出地形剖面线。可以利用地形图上确定的控制点和线路的信息勾勒出地形剖面，这种方法比自己目估的地形更准确。

（4）绘制地质图。以地形图为底图，通过勘探把地层界限、岩体边界、断层等地质界限采用地质定点的方法标注到地形图上。当然通过现代测量技术，得到各界限的坐标，利用软件叠合在地形图上的方法更加准确。

2. 地质图的应用

地质图是前人在该地区的工作成果，对于了解该区的基本地质信息很重要。阅读地质图时要注意几个方面的内容，包括图名、图例、比例尺、图幅位置、断层、地层界限、岩体、岩脉等。要学会用地质图判断构造趋势、地层的产状、地层之间的接触关系等地质现象。

三、岩石标本的采集

1. 采集岩石标本的目的

采集岩石标本也是野外地质工作中的一项重要内容，一般有以下几个目的：

（1）由于野外工作条件和时间的限制，无法深入细致地研究和认识岩石，需要采集样品，带回室内，借助相关的仪器和设备进行更加深入细致的研究，得出准确的结果。

（2）开展相关的实验研究来获得更多的岩石物理化学参数，比如制作岩石薄片方便显微镜下观察、同位素年代的确定、扫描电镜实验、X衍射、元素分析、孔隙度和渗透率实验等。

（3）一些古生物化石保存不完整，短时间内不容易确定，需要采集后，回到室内进行细致的对比观察。

（4）有些岩石样品比较典型，采集后用于教学、科普等目的，比如典型的矿物结晶体、古生物化石、有特点的岩石标本、构造标本、宝石级标本等。

2. 采集岩石标本要注意的事项

岩石标本采集时要注意以下几个方面：

（1）目标要明确。目标不一样，采集方法也不一样。如果要研究岩石的风化产物，就要取岩石表面的风化层；如果要研究岩石的性质，就要扒开风化段，从新鲜的、未风化的基岩段取样。

（2）古生物标本的采集比较困难，容易把岩石敲碎，仅靠一个地质锤还不行，有时还要借助一些其他工具。还有一些晶簇样品的采集都需要细心。

（3）有些样品带回去后还要二次加工，样品就需要块大一点。比如做渗透率实验，样品的厚度就要大于 10 cm。

（4）样品要有代表性。因为很多岩石存在不均一性，不同部位的颜色、矿物成分、裂缝发育程度、孔隙度、渗透率等属性存在比较大的差别，所以取样时要选择有代表性的部位，或者需要在不同部位采集多个样品。

（5）编号和记录。标本采集后装入标本袋，封口，贴上标签。大块标本要涂上漆编号。记录簿上要详细记录标本的编号、地点、层位、岩性及其他信息。

（6）室内整理。标本采集后，回到室内的当天就要整理，建立标本清单。清单内容包括标本编号、采集时间、地点、层位、岩性、用途、采集人等。最后要把样本包装好。

四、野外地质资料记录

野外地质记录簿是野外地质工作的原始记录资料，要求记录者实事求是，以科学的态度，客观、准确地把野外考察内容详细地记录在专用的野外记录簿上。

记录内容包括以下几个方面：

（1）地点、时间、天气。

（2）标明实习的线路，明确当天的实习任务和内容。

（3）实习位置、现象描述。因为在一条实习线路上会有很多观察点，所以要标明每一个观察地点，详细描述所在观察点的地质现象。

（4）总结。回到室内后，可以对当天的实习内容进行总结，对存在的问题和需要解决的问题进行说明，但不能对野外的原始记录资料进行修改。

野外地质记录的相关要求及注意事项：

（1）用 2H 铅笔记录。要先观察，后记录，边观察，边记录。记录要完整、清晰、有条理。

（2）野外记录部分需要在现场完成，不能在室内通过想象和回忆的方式补充。

（3）野外记录错误的地方可以用铅笔划掉，改正，但不能用橡皮擦除，更不能撕页。

（4）记录簿只能记录野外地质现象之用，不能记录与地质实习无关的内容。

（5）实习结束，上交记录簿，不得遗失，如果遗失则必须上报老师，并依法严肃处理。

第四节　岩石的描述方法与矿物的鉴定方法

一、岩石的描述方法

不同类型的岩石其成因不同，描述方法和侧重点不同，针对三大类岩石有各自不同的描述方法。

1. 沉积岩

沉积岩有三种类型：陆源碎屑岩、碳酸盐岩、火山碎屑岩。

（1）陆源碎屑岩的描述

陆源碎屑岩的描述内容包括岩石的颜色、矿物组成、结构、沉积构造、生物化石及其他含有物，最后对岩石进行定名。

1）岩石颜色的描述要观察新鲜面的颜色，同时也要描述风化后的颜色变化。如果岩石的颜色是复合色，描述颜色时主色调在后，次色调在前。常用来描述岩石颜色的术语包括灰色、灰白色、白色、暗灰色、紫红色、红色、棕色、褐色、猪肝色、黑色、杂色等。

2）矿物组成的描述包括组成碎屑颗粒的矿物类型以及含量。要借助放大镜鉴别出主要的矿物，并估算其含量。矿物颗粒含量的估算可参考图 1-1。

3）结构的描述包括粒度的大小、颗粒的磨圆度、分选、填隙物、胶结类型以及孔隙发育情况等。

碎屑岩颗粒的大小一般反映了沉积时水动力的大小，按照粒级大小划分为砾（＞2.0 mm）、粗砂（0.5～2.0 mm）、中砂（0.25～0.5 mm）、细砂（0.05～0.25 mm）、粉砂（0.005～0.05 mm）、泥（＜0.005 mm）。

碎屑颗粒的磨圆度反映了搬运距离和水动力条件，一般情况下，搬运距离越远，磨圆度越高；同时，也与水动力有关，水动力越强，磨圆度越高。磨圆度通常可以通过肉眼观察划分为六个级别（图 1-2）：滚圆状、圆状、次圆状、次棱角状、棱角状、尖棱角状。滚圆状颗粒基本呈球状，整个表面是光滑的，没有明显的平面和棱。圆状颗粒的轮廓已磨圆，棱已变成宽缓、圆滑的曲线，但仍保留有原始的面和轮廓。次圆状颗粒已磨蚀，棱、角已减少，并呈钝圆状，原始面和原始颗粒的形状能分辨。次棱角状颗粒保留了原始颗粒的形态特征，棱、角和面分明，但已明显磨蚀，已无明显突出的棱和角。棱角状颗粒有一定的磨蚀，但棱、角和面分明、突出，然而棱、角已不尖锐。尖棱角状的颗粒基本为原始状态，棱、角尖锐。

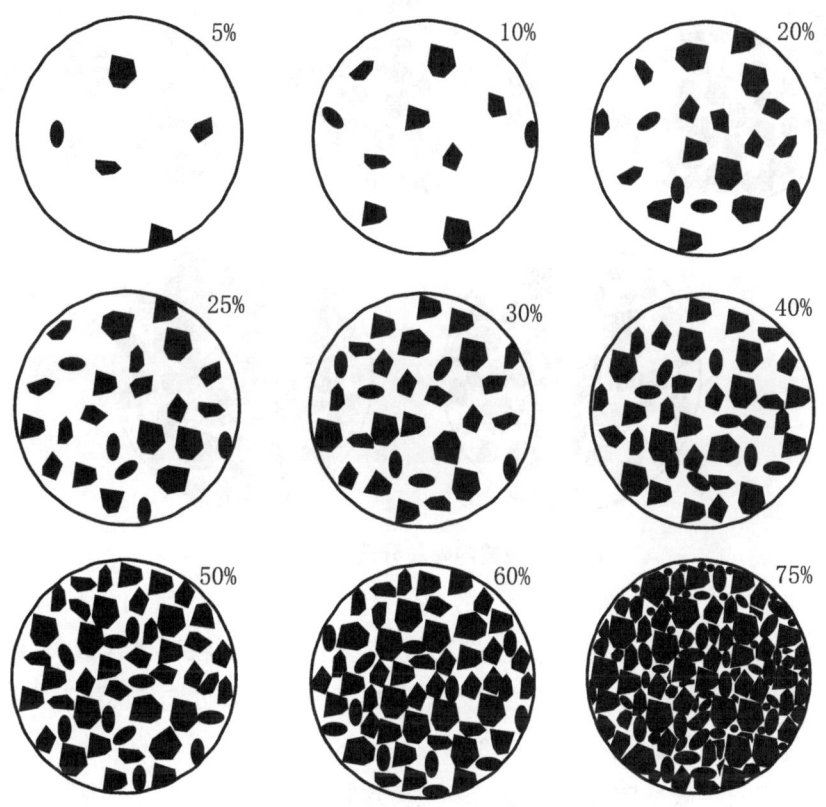

图 1-1 视域内组分百分含量视觉比较图

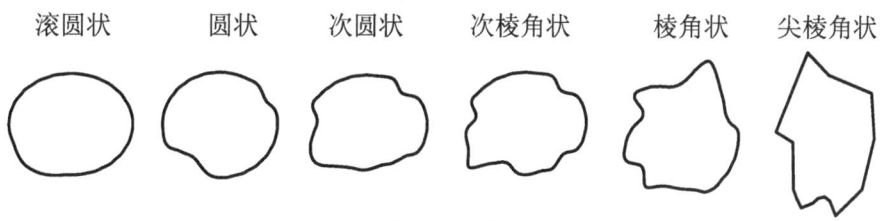

图 1-2 磨圆度分级示意图

颗粒分选性描述的是碎屑颗粒不同大小群体的均一程度（图 1-3），肉眼观察可以划分出五个级别：分选极好、分选好、分选中等、分选差、分选极差。

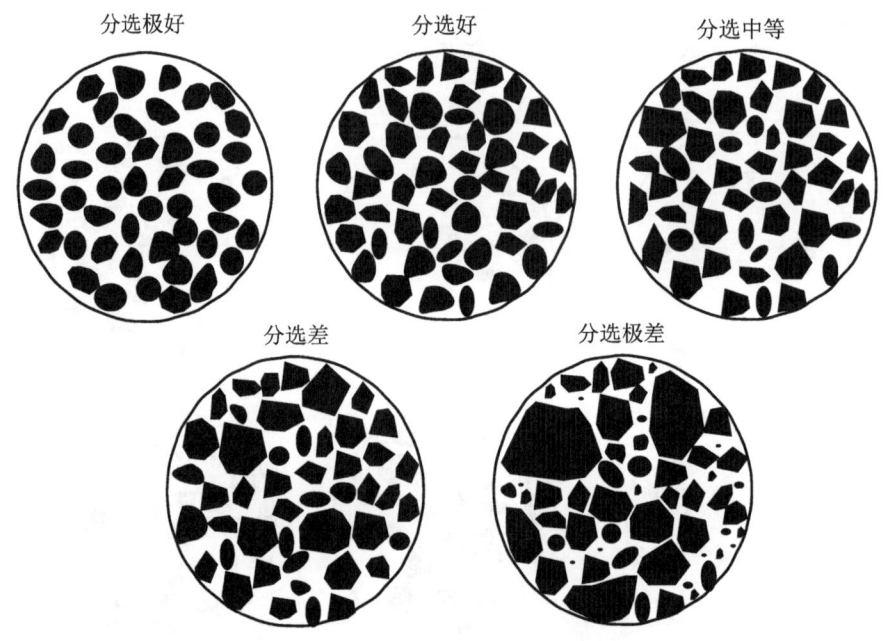

图 1-3 视域内颗粒分选视觉比较图

分选极好的岩石一般磨圆度比较高,大小均匀,某一区间的颗粒群体含量 ≥ 90%。分选好的岩石颗粒大小比较均匀,某一区间的颗粒群体含量 75% ~ 90%。分选中等的岩石中某一区间的颗粒群体含量 55% ~ 75%。分选差的岩石中颗粒大小差别大,最大直径可达最小直径的 3 倍,某一区间的颗粒群体的含量 35% ~ 55%。分选极差的岩石一般磨圆度比较低,多呈棱角状、次棱角状,大小混杂,最大颗粒直径与最小颗粒直径最大可相差 5 倍以上,主要颗粒群体的含量 < 35%。

填隙物按成因分为杂基和胶结物。杂基主要是指来自母岩风化的黏土类矿物,胶结物是指岩石成岩期形成的化学沉淀物,主要有灰质、硅质、铁质等。对岩石描述时要估算出填隙物的含量。

胶结类型描述的是碎屑颗粒和填隙物之间的关系,它取决于填隙物含量的多少和颗粒之间的接触关系。通常划分为基底式胶结、孔隙式胶结、接触式胶结和镶嵌式胶结四种类型(图 1-4)。基底式胶结是指基质含量很高,颗粒分散在基质中,粒间孔隙不发育,多是一些基质中的微孔隙;孔隙式胶结是指碎屑颗粒紧密接触搭成骨架,胶结物充填于颗粒孔隙中,多是成岩后生阶段化学沉淀的产物,孔隙不发育;接触式胶结是指颗粒彼此接触,胶结物含量较少,只在接触点附近有胶结物,粒间孔隙发育;镶嵌式胶结是指碎屑颗粒之间的边缘呈凹凸状紧密镶嵌在一起,是成岩期压溶作用比较强导致的结果,孔隙不发育。

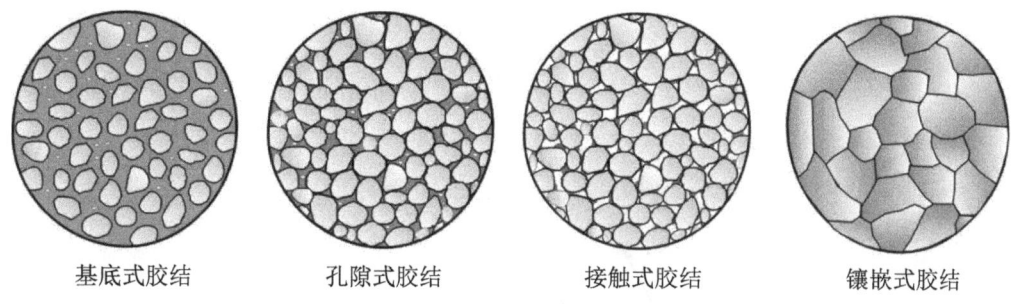

图 1-4 胶结类型

4）沉积构造是指沉积岩沉积时或沉积后未完全固结前，由于物理、化学以及生物等作用导致岩石内部以及表面因矿物、结构、颜色等不均一性而形成的宏观特征。包括物理成因构造、生物成因构造和化学成因构造。

物理成因构造包括层理构造、层面构造和准同生变形构造。层理构造有水平层理、波状层理、脉状层理、透镜状层理、槽状交错层理、楔状交错层理、板状交错层理、波状交错层理、递变层理、平行层理、均匀层理等。层面构造有波痕、干裂、雨痕、雹痕、冲刷面、槽模、铸模等。准同生变形构造有滑塌构造、负载构造、球状或枕状构造、旋卷构造。

生物成因构造包括生物潜穴、生物扰动构造、爬行迹、停歇迹、觅食迹、逃逸迹、植物根痕等。

化学成因构造包括鸟眼构造、假晶、结核等。

5）生物化石是鉴别地层年代、判断沉积环境的重要标志，要详细描述所观察到的生物化石的种类、保存状态和数量。

6）其他含有物往往是特殊环境下形成的产物，对于分析沉积环境和成岩作用有重要的意义，因此要详细描述。

7）岩石命名一般是根据石英、长石和岩屑三种矿物的相对含量，按照三端元方法命名（图 1-5），可划分为石英砂岩、长石石英砂岩、岩屑石英砂岩、长石岩屑石英砂岩、长石砂岩、岩屑质长石砂岩、长石质岩屑砂岩和岩屑砂岩等。根据杂基含量可划分为纯砂岩和杂砂岩，纯砂岩的杂基含量 < 15%，当杂基含量 ≥ 15% 时定名为杂砂岩。

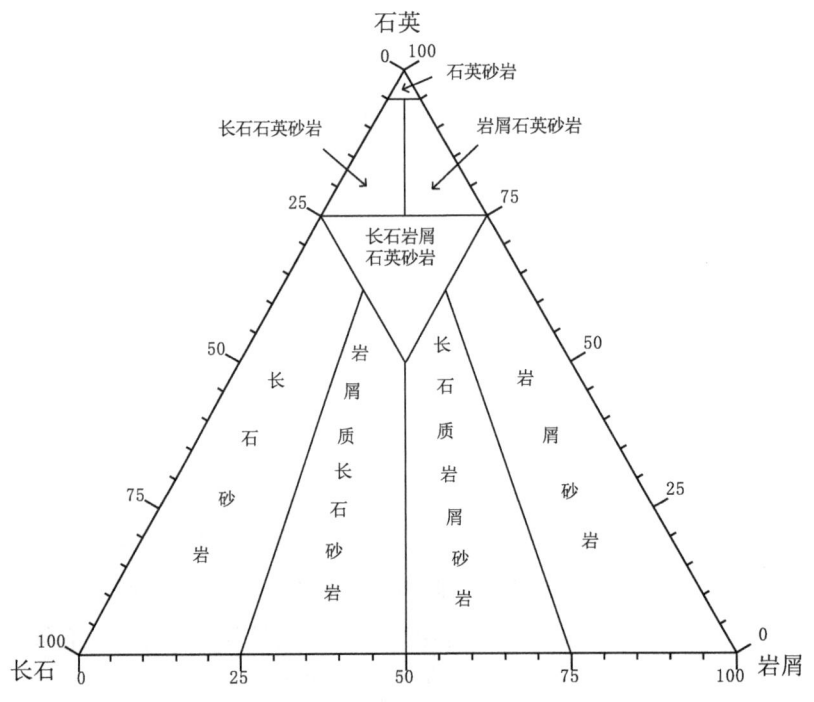

图 1-5 岩石三角命名分类图

（2）碳酸盐岩的描述

碳酸盐岩的描述内容包括岩石的颜色、组构、组分、生物化石、沉积构造等。

按照化学成分分类，碳酸盐岩可以划分为两大类，六个亚类（表 1-1）。两大类为石灰岩和白云岩，六个亚类包括纯石灰岩、含白云岩的石灰岩、白云质石灰岩、灰质白云岩、含灰质的白云岩、纯白云岩。柳江盆地两大类均有分布。

碳酸盐岩中常常含有一定量的黏土矿物，分类时也要考虑。野外工作阶段，没有实验室内分析的数据，根据肉眼鉴定，通常可以把碳酸盐岩划分为如下六类：

石灰岩：方解石含量＞75%，多为深灰色、暗灰色，滴稀盐酸起泡剧烈，可听到响声。

白云质灰岩：方解石含量 50%～75%，白云石含量 25%～50%，多为灰色，滴稀盐酸起泡较强。

泥质灰岩：方解石含量 50%～75%，泥质含量 25%～50%，灰色、土灰色、浅黄色，多呈条带状，斑块状，滴稀盐酸起泡弱，起泡部位会留下比较多的残渣。

灰质白云岩：白云石含量 50%～75%，方解石含量 25%～50%，多为灰白色，滴稀盐酸起泡，但相对较弱。

泥质白云岩：白云石含量 50%～75%，泥质含量 25%～50%，浅灰色、灰白色、土黄色，条带状、斑块状，滴稀盐酸起泡十分微弱。

白云岩：白云石含量＞75%，多为灰白色、淡黄白色，滴稀盐酸起泡十分微弱。

表 1-1 碳酸盐岩按照成分分类标准

岩石类型	亚类	方解石含量 %	白云石含量 %	CaO : mgO
石灰岩	纯石灰岩	100～95	0～5	＞50.1
	含白云岩的石灰岩	95～75	5～25	50.1～9.1
	白云质石灰岩	75～50	25～50	9.1～4.0
白云岩	灰质白云岩	50～25	50～75	4.0～2.2
	含灰质的白云岩	25～5	75～95	2.2～1.5
	纯白云岩	5～0	95～100	1.5～1.4

石灰岩按照其结构和组分（颗粒、胶结物、晶粒、生物碎屑颗粒）分类，也可划分为砾屑灰岩（角砾状灰岩）、竹叶状灰岩、鲕粒灰岩、生物碎屑灰岩、藻灰岩、叠层石灰岩、豹皮灰岩、隐晶质灰岩等。

（3）火山碎屑岩的描述

火山碎屑岩是火山爆发的碎屑物经过搬运，在陆地上或水下沉积，后经成岩固结或熔结而成的岩石。火山碎屑岩的组分是火山碎屑，但有沉积作用特点。

火山碎屑从物态上可划分出岩屑、晶屑和玻屑。岩屑是指由岩浆已固结的部分或由早期已形成的岩石破碎而成。晶屑是指在岩浆中形成的斑晶。玻屑主要是黏性大的岩浆喷出时迅速冷凝成塑性的多孔状玻璃质。

根据火山碎屑粒度的大小和含量，火山碎屑岩划分为集块结构、火山角砾结构、凝灰结构和火山尘结构四种基本结构。集块结构是指＞2 mm的火山岩屑占50%以上，且以≥64 mm的为主；火山角砾结构是指＞2 mm的火山岩屑占50%以上，且以2～64 mm的为主；凝灰结构是以＜2 mm的火山碎屑占70%以上，且以0.01～2 mm的为主；火山尘结构是以＜0.01 mm的火山尘屑为主。

火山碎屑岩的主要类型有火山集块岩、火山角砾岩和火山凝灰岩。火山集块岩以≥64 mm的火山碎屑为主，具有集块结构；火山角砾岩以2～64 mm的火山碎屑为主，具有火山角砾结构；火山凝灰岩以＜2 mm的火山碎屑为主，具有凝灰质结构。

2. 岩浆岩

岩浆岩的描述内容包括岩石的颜色、矿物组成、岩石的结构、构造以及产状等。

岩浆岩的种类繁多，分类方法也很多，为了便于野外观察、描述、鉴定，按照岩石的产状、矿物成分、结构、构造和 SiO_2 的含量进行分类（表 1-2）。产状上划分为深成侵入岩、浅成侵入岩和喷出岩，根据 SiO_2 的含量划分为超基性、基性、中性、酸性四大类。

表 1-2 岩浆岩分类

岩石大类		超基性岩	基性岩	中性岩			酸性岩
				过碱性	钙碱性	碱性	
SiO$_2$ 含量		<45%	45%～52%	52%～65%			>65%
一般颜色特征		黑色	灰黑色、灰色	暗红色、灰红色	灰绿色、灰色	肉红色、灰红色	灰白、肉红色
矿物成分	主要矿物	橄榄石、辉石	基性斜长石、辉石	正长石	中性斜长石、角闪石	正长石	正长石、斜长石、石英
	次要矿物	角闪石	角闪石、橄榄石	霞石	辉石、黑云母	角闪石、黑云母	黑云母、角闪石
石英含量		不含	不含或少量	不含	<20%		>20%
喷出岩		苦橄岩	玄武岩	响岩	安山岩	粗面岩	流纹岩、英安岩
侵入岩	浅成岩	苦橄玢岩、金伯利岩	辉绿岩	霞石正长斑岩	闪长玢岩	正长斑岩	花岗斑岩
	深成岩	橄榄岩、辉石岩	辉长岩	霞石正长岩	闪长岩	正长岩	花岗岩、花岗闪长岩

深成侵入岩体又划分为岩基、岩株；浅成侵入岩体又划分岩盖、岩盘、岩盆、岩床、岩墙、岩脉等；喷出岩根据岩石的性质和产出状态通常划分为侵出相、溢流相、爆发相、火山颈相、次火山相、火山沉积相等。

岩浆岩的结构包括岩石中矿物的结晶程度、矿物颗粒的大小、矿物的自形程度、矿物颗粒间的相互关系等。矿物的结晶程度是根据结晶部分和非结晶部分的比例划分为全晶质结构、半晶质结构和玻璃质结构。按照矿物颗粒的大小划分为粗粒结构（晶粒直径≥5 mm）、中粒结构（晶粒直径 2～5 mm）、细粒结构（晶粒直径<2 mm）、隐晶质结构（肉眼几乎无法辨别出颗粒）。另外根据颗粒的均质程度，也常划分为等粒结构、不等粒结构、斑状结构和似斑状结构。根据矿物的自形程度也常划分为自形粒状结构、半自形粒状结构和它形粒状结构。

岩浆岩的岩石构造类型有块状构造、带状构造、斑杂构造、球状构造、晶洞构造、流动构造、原生片麻状构造、气孔构造、杏仁构造、枕状构造、流纹构造、柱状节理构造等。

3. 变质岩

变质岩的描述内容包括颜色、矿物成分、结构和构造等。

变质岩是地壳发展演化过程中，原来已经存在的各种岩石由于在地壳的构造运动、岩浆活动、地热流的变化等内力地质作用条件下，原来岩石所处的地质环境及物理化学条件发生了改变，使岩石的结构、构造、物质成分等发生变化而形成的一种新的岩石。这一使岩石发生变化的地质过程总称为变质作用。

根据变质作用发生的地质背景和物理化学条件，变质作用划分为接触变质作用、气-液变质作用、动力变质作用和区域变质作用四种类型。

接触变质作用是指岩浆侵入围岩后，引起的变质作用。一般规模不大，分布局限，主要在侵入岩体与围岩的接触带附近发生。

气-液变质作用是由化学活动性较强的气态或液态流体对岩石发生的交代变质作用。

动力变质作用是指地壳构造运动所产生的构造应力使岩石发生的破碎、变形和重结晶作用。

区域变质作用是指岩石圈大规模范围内发生的多种因素综合作用下的复杂变质作用。

变质岩的结构按照形成阶段划分为变余结构、变质标型结构和叠加结构。

变质岩的构造是按照各种矿物的空间分布特点和排列状态划分，有残留构造、斑点状构造、板状构造、千枚状构造、片状构造、片麻状构造和条带状构造等。

二、矿物的鉴定方法

野外地质实习必须掌握矿物的肉眼鉴定方法，肉眼鉴定主要依据的是矿物的物理性质，包括矿物的光学性质、力学性质和晶体外形。光学性质包括颜色、透明度、光泽、条痕等；力学性质包括解理、断口、硬度和密度等；晶体外形主要是指矿物晶体的多面体形态。另外也常借助稀盐酸鉴别碳酸盐类矿物。

第五节　地质图件的绘制

一、地质现象摄影

地质摄影不同于一般的风光摄影，风光摄影往往是借助光线展示自然风景的美感，更加宏观，而地质摄影是以地质现象为主体，展示地质演化过程中形成的各种地质体、地质构造、古生物以及矿物等，更注重细节。

地质摄影可以分为三大类，包括宏观的地貌摄影、近距离的地质现象摄影和微观特征的摄影。

宏观的地貌摄影反映的是地貌的形态特征以及与周边环境之间的关系，因此需要选择合适的角度、位置和光线。

近距离的地质现象摄影要反映的是某一个剖面、某一个岩体、某一个构造的特征，地质体往往要占据整个镜头，要避免逆光，也要避免地质体强烈的反射光。视域内要有参照物，让读者能够了解地质体的规模、大小。

微观特征的摄影反映的是岩石的微观特征，比如古生物、岩石中矿物的组成、沉积岩的纹层等，这类摄影要避开阳光。视域内要有比例尺。

当天收工后要整理照片，对照片进行编号，建立清单，标明照片的地点、时间、要反映的地质现象。可以通过电脑软件对照片进行标注，画出地质体界限，标注文字说明，标注剖面的方位等。

二、野外地质素描

虽然照相机和手机很普及，照相很容易，但是野外地质素描仍然是很重要的一项工作，因为它有照相不具备的、能够把地质现象突出出来的优势，它可以从地质专业的角度展示地质现象。地质素描需要一定的绘画基础，同时也需要结合专业知识反复练习。地质素描可以划分为景观素描、剖面素描、平面示意性素描和标本素描等。

（1）景观素描：以铅笔线条为主要表现手法，结合明暗投影关系，按比例展示出地质体的三维空间特征。相对于照相，地质景观素描能够忽略次要的现象，排除干扰因素，更加直观地突出地质现象。地质景观素描需要正确选择方位，要保证宏观比例和相对位置准确。地质景观素描通常要附上能显示比例的参照物。

（2）剖面素描：采用投影的方法，描绘剖面地质现象。首先要确定合适的比例，再勾勒出剖面轮廓，依次勾绘地质界线和地质现象，用相关符号填充，可以再加上文字标注，最后附上图例、比例尺和剖面方位指示。

（3）平面示意性素描：把视域内的地质现象通过垂直投影的方式在平面上展示出来。首先要确定合适的比例，再勾勒出地质界线，用相关符号填充，可以再加上文字标注，最后附上图例、比例尺和方位指示。

（4）标本素描：对标本细微结构的描绘。利用铅笔，采用线条和明暗色调把岩石标本上细微的形态特征给展示出来。

三、信手剖面图

信手剖面图是通过实际踏勘，把某一线路上的地层、构造、岩体、接触关系按照地形起伏绘制成剖面，由于剖面上地质体的厚度是目估、步测的，非实测的，所以称作信手剖面。剖面上的地层、地质现象是真实的，相对位置是准确的。

具体的编制方法如下：

（1）首先选定剖面线方向。剖面线最好是垂直地层的走向，这样可以展示更多的地层层位。

（2）沿剖面线由老到新逐层观察、描述地层、岩体和其他地质现象，测量产状，并详细记录。正确判断各地质体之间的接触关系和构造形态。

（3）每一个重要的标志点都要确定坐标，并详细记录。

（4）确定比例。要根据剖面的长度选择合适的比例，既能够清晰展示出地层和构造等特征，又能限定在一定的图幅范围内。

（5）按照踏勘结果，勾勒地面起伏线，确定大的界限位置。比如地层组的界限、背斜构造的脊、不整合面、岩体等界限的位置，只要这些重要的位置比较准确地确定后，就能保证整个剖面不会出大的问题。

（6）按照描述的结果，把各地层单元按照实际位置、实际厚度和倾角绘制到剖面上，不同的地质体用各自统一要求的符号表示出来。

（7）添加标注。在剖面上要标注出不同地质体的产状、地层的界限、地层组的名称，甚至也可以标出地层的层号，也可以在剖面上标出重要的地名标志，比如山峰的名称等。

（8）添加上剖面线的方位、图例、图名等。

四、综合柱状图

在一个地区的野外勘探完成之后，都要建立一个综合柱状图，既是对该地区地层的总结，也是为后面的工作奠定基础。综合柱状图中包含岩性柱状、厚度、地层时代、层组、沉积构造、化石和其他含有物以及地层的描述等信息。

具体的编制方法如下：

（1）选择实习区内保存比较完整的地质剖面，以其为基础分析旋回性，找出标准层。

（2）依据标准层的对比，找出各剖面之间的共性，岩性相同的层采用平均的方法确定其厚度。各剖面中互不对应的层，均作为独立的层。归纳之后，得到一个全区综合的地层层序。

（3）选择合适大小的坐标纸，用 2H 铅笔绘制，也可以用相关的软件绘制。

（4）确定纵向比例尺。绘制综合柱状图时，要根据地层的总厚度和单层的厚度选择一个合理的比例尺，既能表现出薄层的特征，又能使图紧凑、美观，在一个合适的图幅范围内展示清楚。

（5）按照合适的比例划分各项目的宽度，包括界、系、统、组、厚度标注、岩性柱状和文字描述所占的栏目宽度等。

（6）为了显示出旋回性和韵律性，岩性柱状的宽度可以按照岩性的粗细确定。

（7）绘制图例、填写图名等。

（8）图件整理、清绘。

第六节　野外地质实习报告的编写

野外实习结束，每一位同学都需要提交一份《秦皇岛野外地质实习报告》。实习报告是野外地质工作的总结，把自己野外观察的地质现象进行分析、归纳、分类和总结。编写野外地质实习报告是野外地质考察后的一项重要工作，也是地质工程师、石油工程师必须具备的一项基本功；是考查学生野外实习效果和成绩评定的依据；是培养学生分析问题、解决问题，提升专业素质的重要环节。

具体要求如下：

（1）要依据野外实习的结果进行总结、分析。内容要真实，资料是源于自己野外考察到的地质现象。论述依据要充分，观点要明确。要独立思考，严禁抄袭。

（2）报告的结构要完整，包括前言、正文、结束语和参考文献。

（3）正文可以分若干章节，章节的划分可以按照地质类别划分，也可结合不同年代的地层进行章节划分，也可以按照实习路线划分。根据自己实习期间的认识、理解和自己想要表征的侧重点，合理构思报告的结构，充分发挥自己的聪明才智，充分展示出自己实习的成果。

（4）报告要图文并茂，合理使用图和表，把文字叙述与图件、表格配合，明确表达自己的观点和认识。图要规范、清晰、美观；表格设计要合理，表达内容要明确。

（5）地质现象的描述要用专业术语，要求文字通顺，用语规范。

（6）报告的排版格式要统一。页边距为上 30 mm、下 30 mm、左 28 mm、右 28 mm。行间距为 1.5 倍行距。章标题为标题 1，加粗黑体二；节标题为标题 2，加粗宋体三；条标题为标题 3，加粗宋体小三。正文为宋体小四。图名和表名为黑体五；封面标题为黑体小初，加粗。详见附图 1-1、附图 1-2、附图 1-3。

第七节　野外地质实习成绩评定办法

为了提高实习效果，鼓励学生们积极主动地投入到野外地质实习中，把成绩考核分五部分进行，包括出勤考核、平时表现、实习记录、小测验和实习报告，总分为 100 分。

（1）出勤考核占总成绩的 10%。出满勤者 10 分全部拿到，但是无故缺席一天或一天以上者，野外实习的成绩全部取消，即地质实习无成绩；野外实习请假一天者扣除 5 分，请假时间超过 50% 者成绩全部取消。

（2）平时表现占总成绩的 10%。要求实习态度端正，不怕吃苦，勤于思考，能够认真听老师讲解，认真观察，积极回答问题，大胆质疑，提出自己的观点。老师提问回答正确者每次加 1 分；老师提出的地层参数测量任务顺利完成者每次加 1 分；提出质疑或自己的观点，并且合理、有价值的，每次加 1 分；其他方面表现优秀者每次加 1 分。每天的实习都有记录，最后把实习期间的所有平时成绩累加即平时的总成绩。

（3）小测验成绩占总成绩的 10%。实习间隙会进行 1～2 次的小测验，检验学生们野外实习的效果。

（4）实习记录的成绩占总成绩的 30%。根据野外实习记录簿的内容是否齐全、规范，图是否规范、清晰、美观等指标进行考核。这一项中还包括野外采集的样品是否齐全、完整，样品编号和登记是否清晰明确，样品的描述内容是否完整。把各项考核成绩进行累加即实习记录的总成绩。

（5）实习报告成绩占总成绩的 40%。实习报告考核的内容分包括格式、内容和图表。格式是否规范、图表是否清晰、美观，占 10 分；内容是否齐全、观点是否明确、语言是否通顺、专业术语是否准确、是否有独到见解，占 30 分。

思 考 题

（1）总结岩石的描述方法。

（2）利用罗盘反复训练，并总结罗盘的使用方法。

（3）对野外地质实习的重要意义有何认识？

第二章

秦皇岛地区自然地理与经济概况

第一节　自然地理与交通

秦皇岛的地质实习分两大部分，一部分位于滨海地带，主要为现代沉积作用、海洋地质作用和海岸地貌等地质现象；另一部分位于柳江盆地，主要观察沉积岩、火成岩、变质岩、地层层序、地质构造、岩浆侵入作用、火山地质作用、岩溶作用以及河流地质作用等地质现象和地貌。

柳江盆地常被称作"柳江盆地国家地质公园""柳江盆地地质遗迹国家级自然保护区"，位于秦皇岛市区北部（图2-1），面积大约300 km^2，距秦皇岛市中心15 km左右。柳江盆地是燕山山脉东段一个南北向延伸的丘陵盆地，总体趋势是北高南低，南北长约20 km，东西宽约15 km。盆地东、西、北三面为中低山，南缘为丘陵逐渐过渡为滨海平原，呈向南开口的"簸箕"状（附图2-1），中部为低凸起的火山岩。最高峰位于盆地北部，为海拔493 m的老君顶。区内水系较为发育，有大石河和汤河两大河流，由北向南流经本区，并各自注入渤海。两河分水岭位于秋子峪一带，地表与地下分水岭一致。大石河是流经地质公园最大的河流，由许多支流汇合而成，构成树枝状水系，展布于柳江盆地中东部。1974年在盆地东南缘大陈庄建成石河水库，它是秦皇岛市主要的淡水水源地之一。汤河流域位于盆地西部，区内河长超过20 km，于西南部的鸡冠山西侧汤河河谷流出盆地。

盆地内分布有对追溯地质历史具有重大科学研究价值的典型地层剖面、生物化石组合带剖面、岩性岩相建造剖面以及典型的地质构造剖面和构造形迹。面积小而内容丰富，为国内罕见。区内有8个连续地层单元，均为自然露头，地层完整，界限清楚。三大岩分布广泛，类型齐全，化石丰富，各类沉积构造发育。构造类型多种多样，不同规模的褶皱、不同级别的断裂以及揉皱、牵引、裂隙等宏观、微观构造发育，形迹清晰，为研究区域地壳运动发展史及其力学机制提供了一幅幅典型的构造图版，对研究区域构造演化具有重要的意义。有金属、非金属矿脉、矿点多处，为研究成矿机理提供了典型实例。有岩溶作用形成的象鼻山、溶洞、天井、石崖、溶沟等溶蚀现象；有水流作用形成的河谷、河流阶地等地质现象，这些都是研究第四纪地质活动的教科书，因此，被公认为"天然地质博物馆"。

秦皇岛市位于河北省的东北部，东与辽宁接壤，西与唐山市毗邻，北与承德市由燕山山脉相隔，东南面向渤海。辖4区3县，包括海港区、北戴河区、山海关区、抚宁区以及昌黎县、卢龙县和青龙满族自治县，辖区总面积7812.4 km²。西距首都北京市265 km，西南距天津市218 km，东北距沈阳市387 km。秦皇岛北依燕山，面朝渤海，自北向南依次为山地—低山丘陵—小型山间盆地—沿海冲积平原—滨海沙滩。

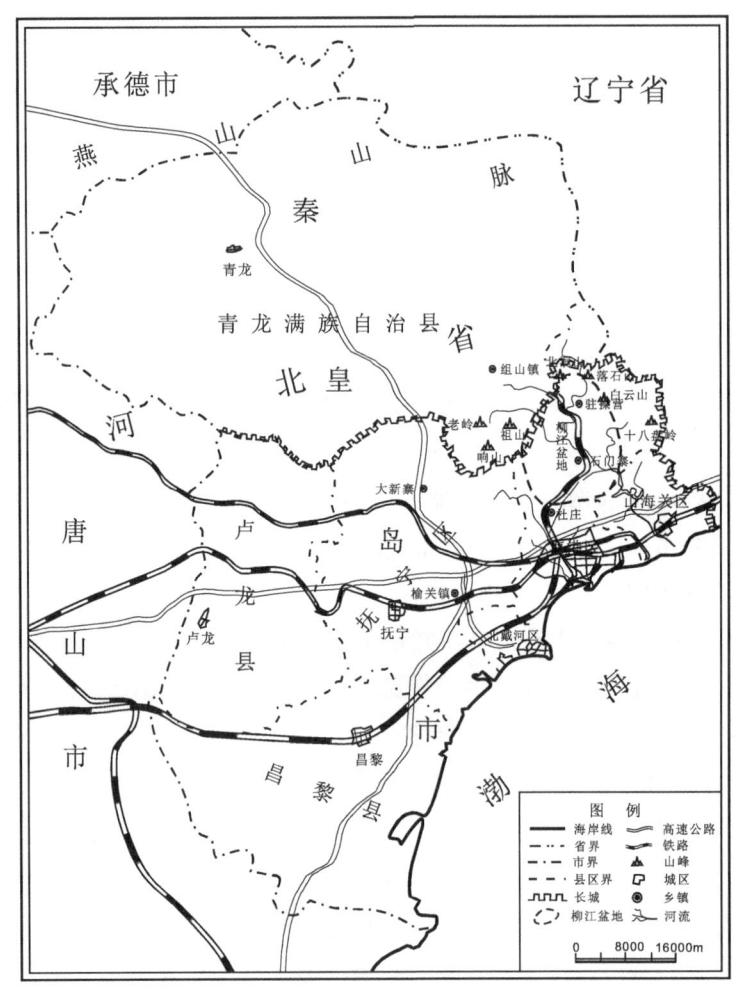

图 2-1 柳江盆地地理位置图

秦皇岛全市常住人口307.32万，有汉族、满族、回族、朝鲜族、蒙古族、壮族等42个民族，少数民族人口主要集中在青龙满族自治县，抚宁区西河南村是河北省唯一的朝鲜族聚居村。

秦皇岛属于暖温带半湿润大陆性季风气候，春夏受东南海洋季风影响，冬季除受东北寒流影响外还受海洋暖流调节。气候总体趋势是冬季较长偏暖，夏季凉爽，秋季较短，春季干旱多风，四季分明。与同纬度内陆地区相比具有夏季凉爽适宜，冬季风小天暖的特点。年平均气温10.1℃，平均降水量744.7 mm，降水量的76%集中在 6～8 月份。

秦皇岛港地处渤海之滨，扼东北与华北之咽喉，是我国北方著名的天然不冻港。这里海岸曲折、港阔水深，风平浪静，泥沙淤积很少，万吨货轮可自由出入。秦皇岛港是世界第一大能源输出港，是我国"北煤南运"大通道的主枢纽港，担负着我国南方"八省一市"的煤炭供应，占全国沿海港口下水煤炭的 50%。

秦皇岛市交通便捷，通信发达，是全国综合交通枢纽城市。秦沈客运专线、京哈铁路、津山铁路、大秦铁路、津秦客运专线五条铁路干线在秦皇岛汇聚。津秦客运专线从天津到秦皇岛仅需 1 个小时，到北京只需两个多小时。京哈高速公路、津秦沿海高速公路、承秦、京秦高速公路在此交汇。102 国道和 205 国道贯穿全境。从北京、天津、沈阳、唐山、承德到秦皇岛都在三小时以内。区内有山海关、北戴河两个机场，山海关机场为军民合用机场，位于山海关区；北戴河机场为旅游支线机场，位于昌黎县晒甲坨村南。民航开通有至上海、广州、哈尔滨、杭州、郑州、石家庄、大连、黑河等国内航线数十条。

柳江盆地内及附近区域国道、省道、县道、乡道贯穿其中，四级公路已构建成网，交通四通八达，为地质实习与考察提供了便利的交通条件。

第二节 矿产资源

秦皇岛市已发现各类矿产资源 56 种,其中黑色金属矿产 3 种,有色金属矿产 7 种,贵重金属及稀有金属 8 种,稀土矿产 2 种,放射性矿产 1 种,燃料矿产 5 种,化工原料非金属矿产 4 种,冶金辅助原料非金属矿产 4 种,建筑材料及其他非金属矿产 20 种,液体矿产 2 种。各种矿产地 548 处。56 种矿产中,上储量表的 22 种,产地 58 处,其中大型矿床 7 处、中型 11 处、小型 40 处。具有工业开发规模,并大规模投入开发的主要矿产资源有煤、铁、金、水泥灰岩和花岗岩等。

资源分布具有明显的分带性,煤、石灰岩、耐火黏土等沉积型非金属矿产,主要集中分布在柳江盆地。金、铁、铜、铅、锌等金属矿产广泛分布在北部山区。建筑用砂石、地下水、地热、矿泉水等资源多分布在南部平原区。形成了三个矿产资源区带。

煤主要为无烟煤,少部分为贫煤,主要分布在柳江盆地内,累计探明储量 $11\,424.6 \times 10^4$ t,现保有基础储量 6877.4×10^4 t,探明储量的井田已经全部建矿开发。

铁矿产地 12 处,基础储量 $35\,711 \times 10^4$ t,可利用储量 $23\,441 \times 10^4$ t,已开发利用的有湾杖气子铁矿、小秋子沟铁矿、庙沟铁矿、朱庄子铁矿、杜团店铁矿等处。

金矿主要分布在青龙满族自治县境内,目前发现的全部为小型矿床,已提交地质报告的有 8 处,基础储量 4316 kg。青龙满族自治县为中国"万两黄金"县之一。

水泥灰岩主要分布于抚宁区柳江盆地和卢龙县武山一带,基础储量 $22\,611 \times 10^4$ t,可利用储量 $18\,107 \times 10^4$ t。因保护地质遗迹和地貌景观等原因,可开发利用的资源储量有很大程度减少。

建筑装饰用花岗岩主要分布在青龙县肖营子、娄子山一带,探明基础储量 1413×10^4 m^3,预计远景储量达 12×10^8 m^3,资源十分丰富。该区花岗岩具有粒度细、云母少、矿体完整、成矿率高、耐酸碱、抗压强度高、颜色多样、色泽美观等特点,经加工后的石材制品品质优良,市场前景广阔。

秦皇岛市平均淡水资源总量为 16.46×10^8 m^3,其中地下水占 46%。三个主要水库桃林口水库、洋河水库和石河水库库容为 12.82×10^8 m^3,占全市总库容的 88%。重点水源地有柳江水源地和枣园水源地,其中柳江水源地面积 24 km^2,补给资源量为 9453.5×10^4 m^3/a,可开采量 1825×10^4 m^3/a,多年平均开采量 868.3×10^4 m^3/a。枣园水源地面积 23 km²，地下水资源量 921.34×10⁴ m³，可开采量为 808.4×10⁴ m³/a。

地热资源发现 8 处，多以中低温地热资源为主。规模比较大的有青龙县汤杖子地热田，水温 24～39.4 ℃，涌水量 10.6～14.4 m³/h，矿化度 1000 mg/L，pH8.4，含可溶 SiO_2 50 mg/L、F 3.2 mg/L、Sr 1～3 mg/L，总硬度 10.2 mg/L，属硫酸盐钠钙型水。抚宁区温泉堡地热田涌水量为 3000～5000 m³/h，水温 25～32.5 ℃，pH7.85，总硬度 3.55 mg/L，总矿化度 200.58 mg/m³，含可溶 SiO_2 30 mg/L，F 1.8 mg/L，属重碳酸盐钠钙型水。卢龙县崔庄地热田水温 36.3 ℃，矿化度 200 mg/L，属硫酸盐钠钙型水。抚宁大泥河地热田，水温 26～48 ℃，矿化度 10 300 mg/L，属氯化物钠钙型水。昌黎县有桃园、城关、李埝坨、晒甲坨 4 处地热田，面积 1.72 km²，远景面积 2.54 km²。孔内最高温度 51.7～64 ℃，流量 1.44～20.34 m³/h，总矿化度 1889.30～2300.24 mg/L，总硬度 8.39～9.12 mg/L，属氯化物钠钙型水，水中含多种微量元素，尤以 Li、Sr、Ba、Se、Zr、Cs 等含量较高。

全市开发利用的矿种 25 种，矿山企业 770 个，从业人员 21 080 人，年产矿石 1692.4×10⁴ t，矿业总产值 3.545×10⁸ 元。其中，煤年产值 9 897.31×10⁴ 元、铁 10 501.93×10⁴ 元、金 3351.82×10⁴ 元、水泥灰岩 2895.7×10⁴ 元、非金属建材年产值 3981×10⁴ 元，以上五类矿产年产值总和占全市矿业总产值的 86.4%，成为该市五大支柱矿产（以上资料主要源于《秦皇岛市矿产资源总体规划》，2011）。

第三节 经济概况

秦皇岛地理位置优越，地处东北与华北两大经济区的结合部，位于环渤海经济圈中间地带，素有"京津后花园"之美誉，在接受京津经济辐射方面具有得天独厚的优势。近年来，在京津冀协同发展的背景下，秦皇岛市经济发展迅速，是河北省经济强市，是中国首批14个沿海开放城市之一，已跻身全国投资硬环境40优城市，拥有国家级开发区多个，包括秦皇岛经济技术开发区、出口加工区和国家级大学园区——燕山大学科技园。

秦皇岛是一座新兴的工业城市，经过改革开放几十年的发展，已形成了基础雄厚、软硬件较为完善的工业体系。形成了五大支柱产业：以玻璃、水泥、新型建材为主的建材工业；以钢材、铝材为主的金属压延工业；以复合肥为主的化学工业；以汽车配件、铁路道岔钢梁钢结构、电子产品为主的机电工业；以果酒、啤酒、粮食加工为主的食品饮料工业。主要工业产品有1000多种。耀华玻璃集团公司、中铁山桥集团有限公司、山海关船厂、渤海铝业有限公司、戴卡轮毂有限公司、中阿化肥有限公司、正大有限公司、金海粮油食品有限公司、鹏泰面粉有限公司、海燕安全玻璃有限公司、浅野水泥有限公司等一批骨干企业的生产规模、技术水平在全国同行业中处于领先地位。（据秦皇岛外宣局网站，2007）

农业方面，全市农业人口190多万，耕地面积293万亩，以棕壤褐土为主。粮食作物主要有玉米、水稻、小麦、甘薯、花生等。林果资源有苹果、梨、葡萄、山楂、水蜜桃、板栗、核桃等。境内海岸线长126.4 km，6万亩沿海滩涂和20万亩浅海为发展水产养殖提供了得天独厚的条件。水产品生产分为海水捕捞、海水养殖和淡水养殖三大类。秦皇岛充分利用国内国际两个市场，以项目建设为载体，实施市场、龙头、能人、科技带动，推进农村经济结构调整，加快农业产业化步伐，形成了三大特色成果：一是特色主导产业不断发展壮大，建成年产值5亿元以上的农业特色产业10个，即肉鸡、酿酒葡萄、粮油加工、玉米淀粉、海洋水产、甘薯、生猪、蔬菜、牛羊、果品，其中前8个产业年产值超10亿元，前6个产业的规模在河北省名列前茅；二是龙头企业规模和实力不断增强，建成年销售收入1000万元以上的龙头企业35家；三是农产品加工强市的目标正在形成，全市农产品加工业产值已占全市工业总产值的三分之一，粮油加工转化能力达335×10^4 t。（据秦皇岛外宣局网站）

思 考 题

（1）查阅资料，分析秦皇岛地区的矿产资源分布与区域地质背景的关系。
（2）分析经济发展与资源开发、环境保护之间如何协调。
（3）总结地质公园建设的内涵。
（4）分析地质资源在秦皇岛经济发展中应该如何发挥作用。
（5）秦皇岛的人文和自然资源有哪些特色？分析秦皇岛市发展旅游经济的潜力。

第三章
柳江盆地区域地质概况

第一节　柳江盆地地质简况及地层层序

一、地质简况

柳江盆地区域构造上属于华北地台，燕山褶皱造山带的东段，山海关隆起带上。柳江盆地总体上为一向斜构造（附图3-1，附图3-2），轴向近南北向，东翼地层倾角较缓，在10°～30°之间，西翼地层较陡，一般大于50°，个别地段大于70°，甚至直立，局部还存在倒转现象。

柳江盆地各地质时代的地层出露齐全、层次完整，地层单位界线清楚，是中国华北地区地质演化的缩影。三大岩类在此出露齐全，岩石种类繁多，内外动力地质作用形成的地貌景观千姿百态。区内分布着许多大大小小的溶洞，洞穴堆积层中分布有大量的哺乳动物化石。

柳江盆地的地层属于华北型地层，新太古代末期发生了大规模的岩浆侵入，形成了大面积的花岗岩，这也是区内最老的岩层，大部分区段已发生区域变质作用，多转化成了花岗片麻岩，即上太古界花岗片麻岩。本区缺失下、中元古界，上元古界滨海相砂岩直接角度不整合于上太古界花岗片麻岩之上。由于蓟县运动的影响，沉积中断，而后，早古生代沉积了以碳酸盐岩为主的海相寒武系和奥陶系，与上元古界景儿峪组呈平行不整合接触。受加里东运动的影响，缺失上奥陶统至下石炭统。晚古代的中石炭世至二叠纪由海陆交互沉积过渡为陆相沉积。中生界只在向斜核部有出露。缺失古近系和新近系，第四系主要为沿现代河谷、滨海和低洼地松散的堆积物。

二、地层层序

由新及老地层层序如下（附图3-3）：

1. 新生界（Cz）

本区缺失古近系（E）和新近系（N）地层，第四系（Q）为松散堆积物，主要沿河谷、滨海及低洼的盆地分布。成因类型复杂，有冲积物、洪积物、坡积物、洞穴堆积物、河流沉积物等。在洞穴堆积物中发现大量哺乳动物化石，有鬣狗（Crocuta sp.）、虎（Panthera tigris）、水獭（Lutra sp.）、马（Equus sp.）、东北狍（Capreolus manchuricus）、狍（Capreolus sp.）、更新獐（HydroPotes inermis）、麂子（muntiacus sp.）、东北斑鹿（Cerous manchuricus）、黑氏上黑鹿（Cerous hilsheimeri）、鹿（Cerous sp.）、黑鹿（Cerous（Rusa）sp.）、羚羊（Gazella sp.）等。

2. 中生界（mz）

本区中生界发育有上三叠统和侏罗系，主要分布在柳江向斜的核部，与上古生界呈角度不整合接触，其内部也存在三个角度不整合面，说明这一时期盆地内的地壳活动比较剧烈。

（1）侏罗系（J）

1）上侏罗统（J_3）

张家口组（J_3z）：厚度 350 m 左右，主要分布在柳江向斜的北端部，板厂峪最具代表性。岩性为陆相喷发的酸性、中性熔岩和火山碎屑岩，包括流纹岩、粗面岩、粗安岩、火山凝灰岩、火山角砾岩、火山集块岩以及火山沉积岩等。不同岩石中发育不同类型的构造，有柱状节理构造、火山泥球构造、流纹构造等。与下伏的中侏罗统髫髻山组（J_2t）角度不整合接触。

2）中侏罗统（J_2）

髫髻山组（J_2t）：厚度 1000 m 以上，分布于柳江向斜的核部，上庄坨西傍水崖、义院口等地最具代表性，近南北向延伸。主要由陆相喷发的中性熔岩和火山碎屑岩组成。岩石类型有安山岩、辉石安山岩、角闪安山岩、斜长安山岩、安山质火山集块岩、火山角砾岩和凝灰质砂岩、凝灰质砾岩等。与下伏的下侏罗统下花园组（J_1x）角度不整合接触。

3）下侏罗统（J_1）

下花园组（J_1x）：厚度 493 m 左右，沿向斜核部的四周分布。为砾岩、含砾粗砂岩、砂岩、黑色炭质页岩和煤线。含植物、昆虫、双壳和鱼类化石。属冲积扇、河流、扇三角洲、湖泊、沼泽沉积。与下伏的三叠系上统黑山窑组（T_3h）角度不整合接触。

（2）三叠系（T）

由于受海西运动的影响，在三叠纪早、中期，本区处于抬升剥蚀状态，缺少下三叠统（T_1）和中三叠统（T_2），只发育有上三叠统（T_3）黑山窑组（T_3h）。

上三叠统（T_3）

黑山窑组（T_3h）：厚度 162 m 左右，主要分布在柳江向斜核部的南端，面积有限，黑山窑后村西侧剖面最具代表性。为黄褐色含砾砂岩、粉砂岩、黑色炭质页岩，夹煤线，含大量植物化石。属湖泊、沼泽、河流以及湖盆三角洲沉积。与下伏的上古生界呈角度不整合接触。

3. 上古生界（Pz_2）

晚古生代早期延续了早古生代末期的地貌特征，本区处于剥蚀状态，缺失泥盆系和下石炭统，上古生界只发育有石炭系中、上统以及二叠系。

（1）二叠系（P）

分布于柳江向斜的两翼部位（附图3-1），东翼出露地层比较全。为一套陆相碎屑岩含煤地层，整合于石炭系之上。

1) 上二叠统（P_2）

石千峰组（P_2sh）：厚度 150 m 左右，在黑山窑后村村西小山和瓦家山到欢喜岭一线有比较全的出露。岩性为紫红色、红色砾岩、砂岩、粉砂岩和泥岩。为干旱环境下的河流相沉积。与下伏的上石盒子组（P_2s）整合接触。

上石盒子组（P_2s）：厚度 72 m。主要出露于瓦家山至欢喜岭一线。岩性为灰黄色含砾粗粒长石砂岩，夹少量紫红色粉砂岩、泥岩，化石少见。为河流相沉积。与下伏的下二叠统下石盒子组整合接触。

2) 下二叠统（P_1）

下石盒子组（P_1x）：厚度 115 m，主要出露在石门寨西等地，柳江庄村北小山出露的地层也比较完整。岩性为土黄色砾岩、含砾砂岩、中粗粒杂砂岩、细砂岩、粉砂岩、紫红色粉砂质泥岩。由多个向上变细的正旋回构成，发育大型板状交错层理。含丰富的植物化石，主要有山西带羊齿、多脉带羊齿。主要为河流相沉积。整合于山西组之上。

山西组（P_1s）：厚度 62 m，在石门寨西、小王山一带有出露。岩性为灰色、黄褐色中细粒长石质岩屑杂砂岩、粉砂岩、炭质页岩及泥岩。地层由两个旋回构成，第一旋回含煤，第二旋回的顶部含铝土矿。含大量植物化石，有纤细轮叶、宽带羊齿等。为河流、沼泽环境沉积。与下伏石炭系太原组整合接触。

（2）石炭系（C）

早石炭世至中石炭世早期，华北地区延续了早古生代末期的地貌特征，一直处于抬升状态，遭受风化剥蚀，该地区缺失下石炭统。中、晚石炭世开始缓慢沉降，发生大规模的海侵，接受了海陆交互相的含煤地层沉积。

1) 上石炭统（C_3）

太原组（C_3t）：厚度大约 51 m，分布范围与本溪组相同。下部为厚层中细粒砂岩；上部为灰黑色炭质页岩、粉砂岩，夹灰色、黄绿色砂岩，顶部夹可采煤层。底部以灰黄色、青灰色球状风化中、细粒砂岩与本溪组整合接触。化石丰富，有䗴类、腕足、腹足、瓣鳃类和棘皮等动物化石，植物化石有真蕨类、种子蕨类、鳞木类、芦木、卵脉羊齿等。属海陆过渡沉积。

2）中石炭统（C_2）

本溪组（C_2b）：厚度 82 m 左右，分布范围广泛，以石门寨西剖面最具代表性。下部为褐黄色铁质鲕粒砂岩、含铁质结核的铝质黏土岩、炭质页岩、粉砂岩，夹煤线。中上部为中、细粒石英砂岩、粉砂岩与页岩互层，顶部灰色泥岩夹 3～5 层泥灰岩透镜体，为该组的顶界标志。该地层含大量动、植物化石，有䗴类、腕足类、腹足类、瓣鳃类和珊瑚等动物化石以及大脉羊齿等植物化石。与下伏中奥陶统马家沟组呈平行不整合接触，不整合面上为褐黄色铝土质风化残积层。该组属于典型的海陆过渡沉积。

4. 下古生界（Pz_1）

由于受早古生代后期加里东运动的影响，本区在中奥陶世末就处于抬升状态，缺失上奥陶统和志留系，只发育有中、下奥陶统和寒武系。

（1）奥陶系（O）

奥陶系与寒武系在沉积上具有继承性，分布特点相同，主要出露于柳江向斜的两翼（附图 3-1）。

1）中奥陶统（O_2）

由于中奥陶世末期的加里东运动，发生区域上的抬升，中奥陶统上部地层剥蚀，只保留了马家沟组地层。

马家沟组（O_2m）：厚度大约 101 m，石门寨西和潮水峪等地区露头最具代表性。岩性主要为灰白色灰质白云岩、白云岩、含燧石结核白云岩等。化石主要有头足类、腹足类、腕足类和牙形石等。属浅海、潟湖蒸发岩相的环境沉积。与下伏的下奥陶统亮甲山组整合接触。

2）下奥陶统（O_1）

亮甲山组（O_1l）：厚度 128 m，出露比较广泛，亮甲山、潮水峪等地最典型。灰色、灰白色砾屑灰岩、竹叶状灰岩、生物碎屑灰岩、虫孔灰岩、含燧石结核或结核条带灰岩。化石主要有头足类、腹足类和牙形石。属比较稳定的浅海环境沉积。与下伏冶里组整合接触。

冶里组（O_1y）：厚度 150 m 左右，出露于石门寨亮甲山、潮水峪等地。底部为砾屑灰岩、下部为深灰色厚层隐晶质灰岩、虫孔灰岩，上部为紫红色砾屑灰岩、灰色灰岩、泥质灰岩。含笔石、牙形石、头足类和海绵骨针化石。属浅海环境沉积。

与下伏寒武系凤山组整合接触。

（2）寒武系（∈）

主要出露于柳江向斜的两翼部位。

1）上寒武统（$\in_3$）

凤山组（$\in_3 f$）：厚度 92 m，分布范围较广，以潮水峪东北的剖面最典型，主要为灰色砾屑灰岩、竹叶状灰岩、薄层泥质条带灰岩及黄绿色页岩。三叶虫化石丰富。为动荡的浅海环境沉积。与下伏长山组整合接触。

长山组（$\in_3 c$）：厚度 20 m 左右，与凤山组和崮山组分布一致。岩性以砾屑灰岩为主，其次为泥质条带灰岩、泥质灰岩及页岩。化石以三叶虫类为主。为比较动荡的浅海环境沉积。与下伏崮山组整合接触。

崮山组（$\in_3 g$）：厚度 102 m，以潮水峪东北的剖面最典型。岩性为紫红色砾屑灰岩、竹叶状灰岩、叠层石灰岩、藻灰岩以及紫红色含硅质结核灰质泥岩。为比较动荡的滨浅海环境沉积。与下伏中寒武统张夏组整合接触。

2）中寒武统（$\in_2$）

张夏组（$\in_2 z$）：厚度 130 m，在寒武系地层中张夏组分布最广，柳观峪、秋子峪都有出露，潮水峪东北的剖面最具有代表性。以鲕粒灰岩、生物碎屑灰岩和叠层石灰岩为主。三叶虫化石含量丰富。为典型的滨浅海环境沉积。与下伏徐庄组整合接触。

徐庄组（$\in_2 x$）：厚度 101 m，分布较广泛，以东部落西山和柳观峪的剖面最具代表性。以黄绿色页岩为主，夹少量的灰岩和鲕粒灰岩透镜体。古生物化石以三叶虫最丰富。属浅海和潮坪相交互沉积。与下伏毛庄组整合接触。

毛庄组（$\in_2 m$）：厚度 80 m 左右，以沙河寨西山和柳观峪剖面最具代表性。岩性以紫红色或猪肝色泥岩为主。化石以三叶虫中的褶颊虫为主。属炎热干旱气候下的潮坪沉积。与下伏馒头组整合接触。

3）下寒武统（$\in_1$）

馒头组（$\in_1 m$）：厚度 70 m 左右，以沙河寨西山和东部落北山剖面最具代表性。岩性主要为红色、砖红色泥岩，夹灰质白云岩透镜体。生物化石主要以三叶虫为主，见藻类和少量核形石。为干旱环境下的潮间、泻湖环境沉积。与下伏府君山组平行不整合接触。

府君山组（$\in_1 f$）：厚度 146 m，以东部落剖面最具代表性。岩性主要为灰色厚层状砂屑灰岩、豹皮状白云质灰岩、虫孔灰岩、含燧石条带白云岩。属滨浅海环境沉积。与下伏上元古界景儿峪组平行不整合接触。

5. 上元古界（Pt$_3$）

本区缺少下、中元古界，上元古界青白口系（Pt$_3$Qb）是该区目前发现的最古老的沉积地层，距今 800～1000 Ma，划分为长龙山组（Pt$_3$ch）和景儿峪组（Pt$_3$j）。

青白口系（Pt$_3$Qb）

景儿峪组（Pt$_3$j）：厚度 54 m 左右，主要分布在盆地东部，以李庄北沟剖面和张岩子剖面最具代表性。下部为黄褐色含砾铁质海绿石石英砂岩，中上部为紫红色泥岩、灰绿色薄－中厚层泥岩，顶部为蛋青色含海绿石灰质白云岩。属滨浅海、潮坪沉积。与下伏长龙山组整合接触。

长龙山组（Pt$_3$ch）：厚度 91 m 左右，主要分布在柳江向斜南部的鸡冠山和盆地东部的张岩子等地。岩性为砾岩、含砾砂岩、海绿石石英砂岩。发育槽状交错层理、楔状交错层理、板状交错层理、波状交错层理、大型波痕层理、水平层理和波纹层理。属典型的滨浅海沉积。与下伏的上太古界角度不整合接触。

6. 上太古界（Ar$_2$）

白庙组（Ar$_2$b）：上太古界为花岗片麻岩、正长花岗片麻岩、角闪花岗片麻岩和黑云母片麻岩以及花岗伟晶岩和石英伟晶岩等，是本区最古老的岩石，为该区古老的基底。花岗片麻岩岩体规模大，主要出露于沿山海关—秦皇岛—北戴河沿海一线。正长花岗片麻岩多呈小规模岩体分布于花岗片麻岩岩体中，在鸡冠山山脚处有分布。角闪花岗片麻岩和黑云母片麻岩也呈小规模岩体分布于花岗片麻岩岩体中，在老虎石和联峰山有分布。伟晶岩多呈岩脉状分布于花岗片麻岩及其他岩体中。

第二节 岩石类型

秦皇岛地区在比较小的范围内出露了比较全的岩石类型,组成地壳的三大岩在该区域都有分布,沉积岩中的陆源碎屑岩、火山碎屑岩和碳酸盐岩都有分布;岩浆岩中的深成侵入岩、浅成侵入岩和喷出岩有分布,变质岩中有区域变质作用、接触变质作用和动力变质作用形成的变质岩等岩石类型。

一、沉积岩

区内沉积岩有三种类型:陆源碎屑岩、碳酸盐岩、火山碎屑岩。

1. 陆源碎屑岩

柳江盆地中陆源碎屑岩种类很多,重点介绍以下几种,其他在各实习线路部分中介绍。

砾岩:主要分布在二叠纪和侏罗纪地层中,多为河流相沉积和陆相冲积沉积。出露于柳江庄村北小山上的砾岩,属于二叠系下石盒子组,厚度比较大、为多旋回的砾岩,砾石直径一般 10 ~ 20 mm,最大可达 40 mm,多呈次棱角状、棱角状,分选差,为河流底部沉积。石门寨西二叠系石千峰组中分布有河流相砾岩,厚度 2 m 左右。黑山窑后村西侏罗系下统下花园组中下部分布有厚度比较大的扇三角洲平原相砾岩,顶部分布有冲积扇形成的巨砾岩,巨砾石直径最大可达 20 cm。

含砾砂岩:主要分布在二叠系下石盒子组、上石盒子组、石千峰组和侏罗系下花园组。多属河流相沉积。

石英砂岩:石英含量大于 95%,胶结物为硅质或铁质,分选好,磨圆程度高,颗粒多呈圆状、次圆状,杂基含量少。根据粒度大小可划分为石英粉砂岩、石英中砂岩、石英粗砂岩,主要分布于上元古界长龙山组和石炭系本溪组。根据海绿石含量的多少,又可划分出海绿石石英砂岩,主要分布于上元古界长龙山组,多为滨海沉积。

长石石英砂岩:石英含量大于 75%,长石含量小于 25%,分选较好。主要分布于石炭系本溪组和太原组以及侏罗系下花园组。

长石砂岩:石英含量小于 75%,长石含量大于 25%,杂基含量较高,分选中等～好，圆度次棱角～次圆状。根据杂基含量可划分为长石砂岩和长石杂砂岩。主要分布于二叠系上石盒子组和石千峰组。

岩屑质长石砂岩：石英含量小于60%，长石和岩屑含量均大于30%，且长石含量大于岩屑含量。根据杂基含量可划分为岩屑质长石砂岩和岩屑质长石杂砂岩。分选差，磨圆度低。该岩石类型分布较广，石炭系太原组、二叠系上石盒子组、石千峰组均有分布。

长石质岩屑砂岩：石英含量小于60%，长石和岩屑含量均大于30%，且岩屑含量大于长石含量。根据杂基含量可划分为长石质岩屑砂岩和长石质岩屑杂砂岩。分选差，磨圆度低。在侏罗系髫髻山组和张家口组均有分布。

泥岩、页岩：泥岩主要分布于上元古界景儿峪组、寒武系馒头组、毛庄组、石炭系本溪组、二叠系山西组、石千峰组等。页岩主要分布于寒武系徐庄组、凤山组等。

炭质页岩、煤层和煤线：主要发育于石炭系本溪组和太原组、二叠系山西组、三叠系黑山窑组、侏罗系下花园组和髫髻山组。

2. 碳酸盐岩

砾屑灰岩：也常称作角砾状灰岩、内碎屑灰岩，主要分布在寒武系崮山组、长山组、凤山组和奥陶系冶里组、亮甲山组。砾屑颗粒呈薄饼状、长条状、角砾状等。有些颗粒两端有一定的磨圆度、有些呈棱角状。有些杂乱排列、有些平行叠置、有些呈放射状或菊花状排列。角砾呈长条状，两端磨圆，呈竹叶状排列时常称为竹叶状灰岩。内碎屑颗粒一般是在沉积盆地中沉积不久，半固结的碳酸盐岩层在风暴的扰动作用下，被水流卷起、搬运、破碎、磨蚀、再沉积而成。

鲕粒灰岩：主要集中在寒武系张夏组，徐庄组有少量呈透镜状分布。不同层位的鲕粒大小变化比较大，一般1～2 mm，含量20%～70%。

生物碎屑灰岩：碳酸盐岩中的碎屑颗粒以生物化石颗粒为主。主要分布于寒武系张夏组、凤山组和奥陶系亮甲山组。

藻灰岩：主要是以绿藻、红藻或轮藻等骨骼钙藻为主要颗粒成分的粒屑灰岩。主要分布在寒武系张夏组和崮山组。

叠层石灰岩：是蓝绿藻等低等生物生命活动造成的、具有一定形态特征的生物沉积构造。外形上有柱状、丘状等。纹层清晰，纹层颜色深浅呈周期性变化，反映了季节性的变化，深色部位有机质含量高，是参与形成叠层石的生物活动旺盛期。主要分布在寒武系张夏组和崮山组。

豹皮灰岩：由于碳酸盐岩中混入了泥质，或者石灰岩中混入了白云质，风化后呈现不均匀的豹皮状花斑。主要分布于寒武系府君山组和奥陶系亮甲山组。

隐晶质灰岩：由隐晶方解石组成，比较纯净，新鲜面呈青灰色，岩性均匀，致密，隐晶质结构，多呈厚层块状构造。多为静水或微弱波动环境下形成。主要分布在寒武系凤山组和奥陶系冶里组、亮甲山组。

含燧石结核或条带灰岩：石灰岩中分布大量黑色、深灰色、灰白色燧石，有些呈条带状分布，有些呈孤立的个体分布。主要分布在奥陶系亮甲山组。

泥灰岩：灰色、灰黄色、浅黄色，多呈条带状夹在灰岩中，呈水平纹理。寒武系和奥陶系都有分布。

白云质灰岩：灰白色，致密，结构均匀，多呈厚层状。滴酸起泡，但较弱。主要分布在奥陶系马家沟组。

灰质白云岩：灰白色，致密，块状。滴酸起泡微弱。主要分布在上元古界景儿峪组和奥陶系马家沟组。

含燧石结核或条带白云岩：白云岩中分布大量黑色、深灰色、灰白色燧石结核，有些呈条带状分布。主要分布在寒武系府君山组和馒头组以及奥陶系马家沟组。

白云岩：灰白色，致密，块状。滴酸起泡微弱。主要分布在奥陶系马家沟组。

3. 火山碎屑岩

火山集块岩：灰绿色、浅肉红色，由火山碎屑构成，如火山渣、火山弹、火山灰等堆积而成，碎块大小不一，颗粒直径一般大于 64 mm，分选极差，集块结构，火山集块占 50% 以上。多堆积于火山口附近。主要发育在侏罗系髫髻山组和张家口组。有安山质火山集块岩和粗面质火山集块岩。

火山角砾岩：灰绿色，褐色、浅肉红色，火山碎屑颗粒大小 2～64 mm。火山角砾结构，斑杂构造，颗粒为火山碎屑，填隙物为晶屑和玻屑。发育在侏罗系髫髻山组和张家口组。

凝灰岩：灰绿色、褐色、灰白色、浅肉红色，颗粒直径小于 2 mm。凝灰质结构，块状构造，有些呈似层状构造，多孔疏松，有粗糙感，风化后呈松散状。主要发育在侏罗系张家口组。

二、岩浆岩

1. 新太古代侵入岩

主要有花岗岩、黑云母花岗岩、正长花岗岩和二长花岗岩等深成侵入岩以及伟晶岩岩脉。新太古代侵入岩经历了二十多亿年的地质作用，除了少数伟晶岩岩脉外大部分已发生变质作用，因此在该处重点描述没有变质的岩脉，其他岩石类型放到变质岩部分描述。

花岗伟晶岩岩脉：主要以岩脉形式产出，是岩浆活动晚期，富流体残余岩浆形成的伟晶岩脉。主要由晶体颗粒粗大的斜长石、石英、正长石组成。斜长石和石英常紧密交生，构成文象结构。在鸽子窝、老虎石和联峰山等地都有分布。

石英伟晶岩岩脉：由粗大的石英晶体组成。主要出露于联峰山和鸽子窝鹰角亭花岗片麻岩中，由于石英伟晶岩岩脉抗风化能力强，常突出在岩石表面。

正长伟晶岩岩脉：由颗粒粗大、晶形完好的正长石组成。呈脉状侵入到正长花岗岩岩体中。在鸡冠山的山脚和山腰处有比较多的出露。

闪长岩岩脉：灰色，风化后呈灰绿色。主要矿物成分为角闪石、斜长石，等粒、细晶结构，块状构造，一般呈小规模的岩脉状产出，见于联峰山。

2. 中生代侵入岩

（1）晚侏罗世侵入岩

晚侏罗世侵入岩主要以酸性和中性侵入岩体为主。

花岗岩：灰白色、肉红色，矿物成分主要为石英、斜长石、正长石、角闪石和黑云母。中粗粒结构，块状构造。分布于柳江盆地西部和东部边缘。以岩基和岩株状产出。

花岗闪长岩：灰白色、灰黑色，中粗粒结构，块状构造。多以岩脉和小岩株状产出于盆地北部边缘。

闪长玢岩：灰色、灰黑色、灰绿色，斑状结构，块状构造，斑晶为斜长石和角闪石。分布于本区北部潮水峪、老练炉等地，侵入于寒武系和奥陶系地层中，石门寨西山西组地层中也有侵入。

（2）早白垩世侵入岩

早白垩世侵入岩主要以基性和中酸性浅成侵入岩岩脉为主。

花岗斑岩：灰白色、浅肉红色，斑状结构，块状构造。斑晶为正长石、斜长石和石英，基质为细晶—微晶质。分布于砂锅店和揣庄一带，呈岩墙状产出，为浅成侵入岩。

石英正长斑状岩：浅肉红色，似斑状结构，块状构造。主要由正长石和石英组成，含少量角闪石和黑云母。主要分布于柳江向斜东南部，多呈岩株状侵入到不同时代的地层中。

辉绿岩：暗绿色、灰黑色，细粒结构、似斑状结构，块状构造，主要由斜长石和辉石构成。分布于亮甲山和燕塞湖等地区，多呈岩盘状产出，为浅成侵入岩。

正长斑岩：暗红色，斑状结构，块状构造，斑晶为正长石。分布于燕塞湖一带，多呈岩墙状产出，为浅成侵入岩。

3. 喷出岩

中、晚侏罗世秦皇岛地区曾经发生爆炸式火山喷发，在柳江盆地的大洼山、老君顶、上庄坨、义院口和板厂峪一带均有喷出岩分布。岩石类型以中、酸性的安山岩、粗面岩、流纹岩类为主。

安山岩：紫红色、灰绿色，斑状结构，块状构造，杏仁状构造。斑晶主要为斜长石、角闪石和辉石等，基质为隐晶质或玻璃质。根据斑晶矿物成分含量的多少，可划分为角闪安山岩、辉石安山岩和斜长安山岩等。主要分布在上庄坨和义院口地区。

粗面岩：浅肉红色、紫红色，似斑状结构，块状构造、气孔构造、流纹构造。基质为隐晶质或玻璃质。根据矿物成分含量可划分为粗面岩和石英粗面岩，根据岩石的构造类型可以划分为流纹构造粗面岩和块状构造粗面岩。主要分布在板厂峪地区。

流纹岩：暗灰色、灰红色，斑状结构，流纹构造，气孔构造，斑晶为石英和正长石，基质为隐晶质和玻璃质，显瓷状断口。

三、变质岩

花岗片麻岩：灰白色，中粗粒结构，块状构造，片麻状构造。矿物成分主要为斜长石、正长石和石英，暗色矿物为角闪石和黑云母。呈北东向巨大岩基分布在秦皇岛—山海关—绥中沿海一带。岩石成分分布不均匀，结构变化大。最具代表性的露头分布在联峰山等地区。侵入时代为 2494～2600 Ma 之间，是五台期大规模岩浆活动侵入的花岗岩，这一时期岩浆活动的结果奠定了该区的结晶基底。后经过区域变质作用，大部分转化成了花岗片麻岩。

正长花岗片麻岩：呈肉红色、浅肉红色，中细粒，半自形粒状结构，片麻状构造，块状构造。主要矿物为正长石、斜长石、石英。多呈小规模的岩体分布于花岗片麻岩体中。鸡冠山山脚有分布。

黑云母片麻岩：灰黑色，片麻状构造，中细粒结构。主要矿物成分是黑云母，含量超过了 45%，定向排列，片理发育，另有石英、斜长石和正长石等矿物。主要分布在联峰山一带。

大理岩和矽卡岩：由于岩浆侵入，在岩浆高温和岩浆流体作用下，围岩发生了不同程度的变质作用。主要分布在盆地西部花厂峪至吴庄一带，寒武纪地层中的泥岩变质为板岩，石灰岩变质为大理岩以及矽卡岩。

第三节 主 要 矿 物

秦皇岛地区岩石类型齐全，矿物种类繁多，就秦皇岛地区存在的主要矿物分述如下：

石英（SiO_2）：分布广泛，在鸡冠山和张岩子的上元古界长龙山组石英砂岩、柳江庄二叠系下石盒子组长石砂岩、上太古界花岗片麻岩和侏罗系花岗岩以及滨海现代沉积物中均有比较高的含量。晶体呈六方柱锥形，柱面上有横纹，三方晶系。集合体呈晶簇或块状。无解理，具贝壳状断口。颜色常为无色、灰白色，因含各种杂质，颜色多变。晶面为玻璃光泽，断口为油脂光泽，纯净者透明或半透明状。Si 的质量百分含量 46.747%，O 的质量百分含量 53.253%。硬度为 7.0，密度 2.65 g/cm^3。沉积岩中的石英颗粒常呈灰白色，粒状。侵入岩中的石英颗粒常呈灰白色，半透明状，多为粒状，偶见柱锥形晶体。

正长石（$KAlSi_3O_8$）：主要分布在二叠系和侏罗系下统各砂岩和砾岩地层中以及上太古界正长花岗片麻岩和侏罗系花岗岩中。正长石晶体呈板状或短柱状，常见穿插双晶和接触双晶，单斜晶系。两组解理，其中一组完全，另一组中等，夹角 90°。颜色为肉红色、黄红色，瓷板状光泽，半透明。硬度 6.0，密度 2.54～2.57 g/cm^3。沉积岩中的正长石多呈肉红色、黄红色，粒状，显微镜下可看到晶面，但岩石表面的正长石多已风化成高岭土。在岩浆岩中可见晶体颗粒粗大、晶型完整的正长石晶体。正长石容易被风化，通常情况下，当 pH＜7 时，多蚀变为高岭石；当 pH＞7 时，多蚀变为伊利石 - 蒙脱石。

斜长石（$NaAlSi_3O_8$～$CaAl_2Si_2O_8$）：主要分布在上太古界花岗片麻岩和伟晶岩岩脉以及侏罗系花岗岩中。板状或板柱状晶体，单斜晶系或三斜晶系。两组解理，夹角 84°24′～86°50′。白色、灰白色、苍白色，瓷板状光泽。硬度 6.0～6.5，密度 2.61～2.76 g/cm^3。在上太古界花岗伟晶岩岩脉中可见晶体颗粒粗大、晶形完整的斜长石。蚀变后常转化为高岭石、蒙脱石、伊利石或绿泥石。

黑云母（$K_2(Fe^{2+},Mg)_{6\sim4}(Fe^{3+},Al,Ti)_{0\sim2}[(Si_{6\sim5}Al_{2\sim3})O_{20\sim22}](OH,F)_{4\sim2}$）：晶体呈六方形或菱形板状或片状，单斜晶系。极完全解理，容易撕成薄片，并具有弹性。黑色、深褐色，玻璃光泽。硬度 2.0～3.0，密度 2.7～3.2 g/cm^3。侵入岩、变质岩中的黑云母多呈鳞片状集合体，叠置厚度比较大，呈书页状。在联峰山上太古界花岗片麻岩中可见直径超过 2 cm，叠置厚度 0.5 cm 的黑云母鳞片集合体。蚀变后常转化为蒙脱石或蛭石。

白云母（$K_2Al_4(Si_6Al_2O_{10})(OH,F)_4$）：晶体呈六方形、菱形板状或片状，单斜晶系。具极完全解理，容易撕成薄片，并具有弹性。白色或无色透明，玻璃光泽。硬度 $2.0 \sim 3.0$，密度 $2.7 \sim 3.2$ g/cm³。在滨海沙滩上分布有较多的白云母碎屑。蚀变后常转化为蛇纹石、伊利石或高岭石。

方解石（$CaCO_3$）：Ca 的质量百分含量 40.044%，C 的质量百分含量 12.0%，O 的质量百分含量 47.956%。方解石是构成石灰岩的主要成分，在碎屑岩中多作为胶结物的形式存在。晶体呈菱面体、复三方偏三角面体，三方晶系。三组完全解理。晶体多为乳白色或无色透明，玻璃光泽。硬度 3.0，密度 2.71 g/cm³。方解石也多以集合体的形式出现，比如多晶簇、粒状（出现在大理岩中）、隐晶状（出现在隐晶质灰岩中）、鲕状（出现在鲕粒灰岩中）、钟乳状等类型。滴盐酸起泡剧烈。方解石晶体在寒武系和奥陶系碳酸盐岩地层的断裂中和溶洞中常见到。

白云石（$CaMgC_2O_6$）：Ca 的质量百分含量 21.733%，Mg 的质量百分含量 13.187%，C 的质量百分含量 13.026%，O 的质量百分含量 52.054%。晶体常弯曲呈马鞍状菱面体，集合体最常见，多呈粒状，三方晶系。灰白色、或带有浅黄褐色。硬度 $3.5 \sim 4.0$，密度 $2.8 \sim 2.9$ g/cm³。在冷盐酸中不起泡，在热盐酸中起泡。白云石比方解石更耐风化，所以在风化面上白云石常常突出在碳酸盐岩表面，石门寨西门外和潮水峪西北马家沟组广泛分布。

高岭石（$Al_4[Si_4O_{10}](OH)_8$）：呈疏松片状、致密块状、粗粒状、土状集合体，单斜晶系。白色、灰白色，或略带浅黄、浅褐、浅蓝等颜色。块状高岭石为土状光泽，贝壳状断口。有粗糙感，手搓易碎呈粉末，干燥时有吸水性，以舌尖舔之有粘舌感，掺水后具可塑性。硬度接近 1，密度 $2.58 \sim 2.60$ g/cm³。主要是长石、云母等铝硅酸盐矿物风化后转化而成。柳江庄二叠系下石盒子组风化后的长石岩屑砂岩表面可见到。高岭石在储集层中常以填塞物的形式分布，堵塞喉道，降低渗透率。

绿泥石（$(Mg,Fe,Al)_{12}[(Si,Al)_8O_{20}](OH)_{16}$）：晶体呈片状、板状，集合体为鳞片状，单斜晶系。解理极完全。多为绿色、墨绿色，玻璃光泽或珍珠光泽。硬度 $2.0 \sim 2.5$，密度 2.8 g/cm³。在蚀变的花岗岩中可见到。

海绿石（$(K,Na,Ca)_{1.2 \sim 2.0}(Fe^{3+},Fe^{2+},Al,Mg)_4[Si_{7 \sim 7.6}Al_{1 \sim 0.4}O_{20}](OH)_4$）：晶体呈细小圆粒状，单斜晶系。常呈浸染状分布于海相砂岩和泥质碳酸盐岩中。暗绿色、黄绿色。硬度 $2.0 \sim 3.0$，密度 $2.2 \sim 2.8$ g/cm³。海绿石属自生指相矿物，一般认为只生成于温暖的浅海和滨海环境。鸡冠山、张岩子上元古界长龙山组石英砂岩、泥质粉砂中含有比较高的海绿石。

角闪石（$(Na, K)_{0\sim1}Ca_2(Mg, Fe, Al)_5[Si_{6\sim7}Al_{2\sim1}O_{22}](OH, F))_2$：角闪石种类很多，普通角闪石晶体呈长柱状，横切面为六边形或菱形，单斜晶系。集合体为放射状、纤维状、针状、粒状、片状或致密块状等。两组解理夹角56°与124°，一组完全，一组不完全。颜色为带绿的褐色和黑色，玻璃光泽，条痕为带绿的白色。硬度5.5～6.0，密度3.1～3.4 g/cm³。在老虎石花岗片麻岩中可见角闪石矿物，在侏罗纪时期侵入的花岗岩中可见角闪石晶体和集合体，在侏罗纪的喷出岩中可见角闪石斑晶。角闪石蚀变后转化成绿帘石和绿泥石。

辉石（$Ca(Mg, Fe, Al)[(Si, Al)_2O_6]$）：辉石种类很多，普通辉石晶形呈短柱状，横切面近似正方形或八边形，单斜晶系。集合体为粒状或致密块状。暗绿色、黑褐色，条痕为灰绿色，玻璃光泽。两组解理夹角87°与93°，发育中等。硬度5.0～6.0，密度3.2～3.6 g/cm³。在侏罗纪的喷出岩中可见辉石斑晶，早白垩世侵入的辉绿岩中见辉石斑晶。辉石蚀变后常转化为蛇纹石、滑石、绿泥石。

黄铁矿（FeS_2）：晶形为立方体或五角十二面体，等轴晶系。解理极不完全，断口参差状。浅黄色，表面常有斑点状的黄褐色。条痕为褐黑、绿黑色，金属光泽。集合体呈致密块状、浸染状或球状结核体，黄铁矿结核常存在于煤层中。硬度6.0～6.5，密度4.9～5.2 g/cm³。在石门寨西门外石炭系和二叠系地层中可见到。

赤铁矿（Fe_2O_3）：晶体呈板状或片状，三方晶系。常呈各种形态的集合体，如鲕状、豆状或肾状。晶体呈铁黑色，隐晶和粉末呈红色，条痕呈樱桃红色。半金属光泽。硬度5.5～6.0，密度5.0～5.3 g/cm³。在上庄坨小傍水崖喷出岩中见赤铁矿条带。

磁铁矿（Fe_3O_4）：晶体常呈八面体，少数为菱形十二面体，等轴晶系。集合体通常成致密粒状块体，在基性岩浆岩中呈分散粒状。铁黑色，条痕黑色，半金属光泽。硬度5.5～6.0，密度4.9～5.2 g/cm³。无解理。具有磁性。在上庄坨小傍水崖安山岩中见磁铁矿条带，在联峰山黑云母片麻岩中也见磁铁矿透镜体。

菱铁矿（$FeCO_3$）：晶体呈菱面体，常弯曲成马鞍状，三方晶系。常呈各种粒状集合体、结核状、土状、致密块状。新鲜面为黄白色、黄褐色，氧化后成深褐色。晶体呈强玻璃光泽，隐晶质集合体无光泽。硬度3.5～4.0，密度3.83～3.88 g/cm³。与冷盐酸不反应，加热后有反应。在石炭系本溪组和太原组地层中常见，尤其是在本溪组底部分布有大量的菱铁矿结核和鲕粒，但大部分已氧化成褐铁矿，侏罗系下花园组上部的炭质泥岩中分布有个体比较大的菱铁矿结核。

褐铁矿（$FeO(OH) \cdot nH_2O$，n介于2.0～2.1）：非晶体结构，常呈致密块状、同

心圆状、矿渣状、土块状产出，非晶系。颜色从浅黄褐色到浅褐色、黑色都有，条痕呈褐色。硬度 4.0～5.5，密度 2.7～4.3 g/cm³。在石炭系本溪组和太原组地层中常见，侏罗系下花园组上部也可见到，多是菱铁矿氧化而成。

黄铜矿（$CuFeS_2$）：Cu 的质量百分含量 34.624%，Fe 的质量百分含量 30.432%，S 的质量百分含量 34.994%。晶形呈四方四面体，四方晶系。常呈致密块状或分散颗粒状集合体。铜黄色，条痕绿黑色。金属光泽，硬度 3.0～4.0，密度 4.1～4.3 g/cm³。在一些侵入岩中可见。

蓝铜矿（$Cu[CO_3]_2[OH]_2$）：厚板状小晶体，集合体呈晶簇状或致密块状。深蓝色，浅蓝色，玻璃光泽。硬度 3.5～4.0，密度 3.7～3.9 g/cm³。晶体有解理。是铜矿床氧化带的产物，经常与孔雀石伴生。主要分布在上平山矿化带中。

孔雀石（$Cu_2[CO_3][OH]_2$）：晶体少见，多为针状、放射状集合体，或为钟乳石状、肾状、葡萄状等隐晶集合体。色鲜绿，条痕淡绿色，玻璃光泽，性脆，滴酸后立即起泡。硬度 3.4～4.0，密度 3.9～4.1 g/cm³。晶体具有两组完全解理。形成于铜矿床氧化带，是铜矿床氧化带的产物。主要分布在上平山矿化带中。

方铅矿（PbS）：晶体常呈立方体，有时以八面体与立方体聚形出现，等轴晶系。集合体常呈粒状或致密块状。铅灰色，金属光泽，条痕为钢灰色。硬度 2.0～3.0，密度 7.5 g/cm³。三组完全解理，解理面相互垂直。具弱导电性。主要分布在上平山矿化带中。

闪锌矿（ZnS）：晶体为四面体，晶面上常有三角形花纹，等轴晶系。经常呈粒状集合体。淡黄色、黑色、棕色。半金属光泽、金刚光泽。条痕呈白色至褐色。硬度 3.5～4.0，密度 3.9～4.2 g/cm³。六组完全解理。主要分布在上平山矿化带中。

铅矾矿（$PbSO_4$）：板状晶体，集合体呈致密块状、细小晶簇状及土状。纯净体为无色透明，因含杂质常呈黑色，金刚光泽，断口呈油脂光泽。硬度 2.5～3.0，密度 6.1～6.4 g/cm³。性脆，无解理。是方铅矿风化的产物，因此多分布在铅矿的氧化带中，常与方铅矿、闪锌矿伴生。

白铅矿（$PbCO_3$）：晶体呈假六方锥状或板状。集合体呈致密块状或钟乳状。白色，如果含杂质时略带其他浅色，金刚光泽。硬度 3.0～3.5，密度 6.4～6.6 g/cm³。性极脆，无解理，断口贝壳状。滴稀盐酸起泡。主要分布在上平山矿化带中。

燧石（SiO_2）：隐晶、微晶结构，常呈结核状、透镜状或条带状产出于碳酸盐岩中。灰色、黑色、灰白色，贝壳状断口。硬度 7.0，密度 2.53 g/cm³。主要分布在奥陶系亮甲山组和马家沟组碳酸盐岩中。

萤石（CaF_2）：晶体常呈立方体，少数为菱形十二面体及八面体。立方体晶面上常有与棱平行的条纹,等轴晶系。集合体呈粒状或致密块状。常呈各种美丽的颜色,包括黄、绿、蓝、紫黑、红等,玻璃光泽,具有荧光现象。硬度为 4.0,密度 3.18 g/cm³。性脆,解理完全。主要分布在上平山矿化带中。

重晶石($BaSO_4$):晶体常呈板状、柱状,属斜方晶系。经常形成板状集合体,也见致密块状。纯净的为无色透明,因含有杂质而被染成灰白色、淡红色、淡褐色等,玻璃光泽。硬度 3.0~3.5,密度 4.3~4.7 g/cm³。性脆,三组完全解理。与稀盐酸不起反应区别于方解石。主要分布在上平山矿化带中。

第四节 地质构造

一、褶皱构造

由于受区域背景的影响，柳江盆地及周边地区构造复杂，断裂发育。盆地整体为一向斜构造，在局部又发育许多小规模的次级构造。具有考察意义的褶皱构造有义院口背斜、柳观峪—秋子峪背斜、张赵庄—吴庄背斜、大洼山—老君顶向斜、祖山山门小背斜和复背斜等。小的褶皱构造主要发育在柳江向斜的西翼，这与西翼的构造应力作用强烈有关。重点描述一下大洼山—老君顶向斜，其他构造放在各实习线路章节中描述。

大洼山—老君顶向斜位于柳江向斜的核部，轴向近南北向，核部地层为髻髻山组火山岩，翼部地层为二叠系、石炭系、奥陶系和寒武系。西翼地层较陡，产状 108°∠72°，东翼地层较缓，产状 283°∠33°。这一向斜就是柳江向斜的局部表现。

二、断裂构造

柳江盆地的断裂构造大多与柳江向斜的背景有关，根据走向可划分为四组主要断裂：南北向、东西向、北西向、北东向。

南北向断裂：主要发育于柳江向斜的两翼部位。西翼是由若干条南北向逆断层组成的断裂带，长 10 km 左右，宽约 200～300 m。断面西倾，倾角一般大于 60°，切穿了古生界和中生界地层。东翼发育有北林子—潮水峪逆断层。南北走向断层可能与柳江向斜成因上有关联。

东西向断裂：主要发育于柳江向斜的南部。比较典型的有柳江向斜南部的南部落—南林子—上平山逆断层；发育于柳江向斜东翼的石嘴子—沙河寨—大峪口正断层和东部落西山断裂等。东西向断层多形成于中生代。

北西向断裂：主要有柳江向斜西翼的花厂峪—王庄断层，柳江向斜北端部查庄—王家峪正断层、白云山—温庄北正断层、罗峪—陈家沟正断层、大刘庄—娃娃峪正断层、半壁店北—潮水峪正断层、黄土营—张岩子北正断层和夏家裕断层。主要集中发育在柳江向斜的北端和向斜的东翼。

北东向断裂：主要发育于柳江向斜的西翼，有柳观峪东断裂、吴庄—车厂断裂等。

第五节 地质演化发展简史

柳江盆地位于中朝地台区北带的燕山台褶带东段。中朝地台区太古界基底岩系分布广泛，自北而南划分三个带，北带自内蒙古乌拉山至冀东燕山，并继续向东延至吉林南部的龙岗山；中带西起吕梁山，东至鲁西地区；南带自淮南至豫西。燕山台褶带东段，古太古代地层为迁西群，为深变质麻粒岩和片麻岩，含多层硅铁沉积，恢复原岩为超基性及基性火山岩。说明在古太古代该区就有超基性、基性岩浆活动。古太古代晚期，中朝地台出现了初始陆核。新太古代末，秦皇岛地区发生了大规模的酸性浆岩侵入活动，山海关抬拱区主要就是由上太古界花岗岩组成，整体为一个花岗岩穹窿。

新太古代末期，受阜平运动、五台运动和吕梁运动的影响，这一时期形成的青龙—滦县大断裂控制了该区早、中元古代的沉积背景和格局，柳江地区处于断裂的东盘，持续抬升，遭受强烈的剥蚀，因此缺失下、中元古界。

晚元古代，华北地区整体沉降，沉积基准面上升，开始海侵，随着海侵范围的逐渐扩大，柳江盆地所在区接受沉积，形成了长龙山组比较纯净的滨浅海相海绿石石英砂岩和页岩，向上逐渐过渡为紫红色、赤红色、灰绿色泥岩和薄层灰质白云岩地层，即景儿峪组。上元古界地层直接超覆于上太古界花岗岩之上。这一时期属于平缓的滨海海滩至亚浅海、潮坪沉积环境，反映了当时秦皇岛地区准平原化的地貌特征。

晚元古代后期，受蓟县运动以及冰期的影响，中朝地台整体抬升，沉积基准面下降，该区转化为陆地，没有接受沉积，一直持续到元古代结束，以剥蚀作用为主，因此该地区缺失震旦纪地层。

早古生代开始，沉积基准面上升，该区整体上处于海侵状态，在早寒武世，沉积了一套厚层碳酸盐岩地层，即府君山组。这一段地层展示了当时该地区由陆地剥蚀环境逐渐过渡为滨浅海环境的演化过程。之后，区内存在小幅度的升降，出现了沉积间断，但持续时间比较短，然后又接受沉积，此时气候变得炎热干旱，在大部时间里属潮坪、潟湖环境，因此，下寒武统馒头组和中寒武统毛庄组沉积了一套以砖红色、紫红色为主的泥岩，夹少量灰质白云岩的地层组合。之后气候变得相对温暖潮湿，徐庄组沉积了一套灰绿色页岩夹少量鲕粒灰岩的地层。

从中寒武世后期开始至中奥陶世末期，秦皇岛地区长时间处于滨浅海沉积环境，虽然有小幅度的升降波动，但大的环境没有改变，相对稳定，因此沉积了巨厚层碳酸盐岩，局部夹少量泥质条带或页岩，累计厚度近 700 m。

进入晚奥陶世，由于加里东运动，整个华北地区抬升，海水后退，沉积基准面下降，该区再次上升为陆地，沉积间断，处于剥蚀状态，一直延续到中石炭世，持续近 370 Ma。因此缺失晚奥陶世、志留纪、泥盆纪和早石炭世的地层。长期的风化剥蚀作用，在凸凹不平的风化面上残积了厚度 6.0 m 左右的含铁铝质黏土层，区域上把该层归为中石炭世本溪组，也是上古生界与下古生界的重要分界线。

中石炭世以后，中朝地台开始缓慢沉降，沉积基准面缓慢上升，本区此时属沿海低地，间歇性地出现海侵现象，沉积了一套海陆交互相的含煤碎屑岩系。这一状态一直持续到晚石炭世末期。

晚石炭世末期，秦皇岛地区缓慢抬升，海水后退，至早二叠世本区完全脱离海洋环境，沉积了一套河、湖、沼泽相为主的含煤碎屑岩建造。到晚二叠世时期，气候变得比较干旱，秦皇岛地区沉积了一套以河流相为主的粗碎屑岩建造，不含煤层。

晚古生代末期到中生代早期，受海西运动的影响，本区抬升幅度加大，完全处于剥蚀状态，缺失中生代早、中三叠世地层。

中三叠世末期的印支运动对本区有较大的影响，使地层发生构造变形，地表形成高低起伏的变化，柳江盆地南部成了低洼积水的小湖盆，在晚三叠世，沉积了一套河流、三角洲、湖泊、沼泽碎屑岩地层，即黑山窑组。与下伏的二叠系石千峰组角度不整合接触。

随着印支运动的加剧，受近南北向应力的作用，在柳江盆地产生了南北向的扭动，整体转化成了小型湖盆，湖盆南北向长 15.5 km，东西向宽 3.7 km，沉积了一套以冲积扇、河流、扇三角洲、沼泽、湖盆环境为主的粗碎屑岩建造，即下侏罗统下花园组。

侏罗纪中期的燕山运动控制了秦皇岛地区中生代以后的构造格局和沉积作用以及火山活动，现今的构造格局基本上是燕山运动影响的结果。早侏罗世末期，燕山运动Ⅰ幕发生，地壳被挤压、变形、相对抬升。伴随着断裂的活动和地层的变形，印支运动期形成的柳江盆地中部南北向的断裂活动加剧，并发生了火山喷发，在柳江盆地中部形成了中侏罗统髫髻山组以安山岩为主的火山熔岩和火山碎屑岩堆积。上庄坨傍水崖、老君顶、义院口的喷出岩就是该时期形成的。

中侏罗世后期，受燕山运动Ⅱ幕的影响，在近东西向挤压应力的作用下，柳江向斜形成，早期，两翼地层可能较缓，并大致对称。晚侏罗世末期的燕山运动Ⅲ幕的发生，岩浆活动加剧，形成了大型的花岗岩岩体，位于柳江向斜西侧的祖山花岗基岩形成于这一时期。在挤压应力作用下，柳江向斜的西翼地层倾角变陡，直立，甚至倒转，并产生一系列南北走向的逆断层。在向斜的北端伴随有火山活动，形成了上侏罗统张家口组中酸性火山熔岩和火山碎屑岩堆积。

进入白垩纪之后，秦皇岛地区构造活动相对平静，只有一些小型岩体和浅成岩脉侵入。一直到第四纪，全区总体上是处于剥蚀状态，因此缺失中生代白垩纪和新生代古近纪、新近纪的地层，第四纪的沉积作用主要发生在河谷、低洼地段和滨浅海环境。

进入第四纪以后，区内发生了至少三次比较明显的抬升，形成了大石河的三级河流阶地以及鸽子窝和老虎石三级海蚀凹槽和波切台。

思 考 题

（1）查阅资料并总结碎屑岩的分类和命名方法。
（2）查阅资料，分析柳江盆地地质构造特征以及与区域构造活动的关系。
（3）简述柳江盆地地层层序的特征。
（4）总结褶皱构造描述的要素。

第四章
野外地质实习路线及实习内容

第一节　张岩子—东部落上太古界—寒武系下统剖面以及多个地层不整合线路

地理位置：张岩子村西山—东部落村正北方的山岗上。

构造位置：柳江盆地东翼。

教学内容：（1）观察、描述上太古界岩石的特征；

　　　　　（2）观察、测量、描述上元古界、下寒武统地层；

　　　　　（3）掌握碎屑岩和碳酸盐岩的描述方法；

　　　　　（4）观察地层之间各类不整合接触关系；

　　　　　（5）观察、认识各类侵入岩岩脉。

一、上太古界—寒武系下统露头

从张岩子村西山脚下开始是秦皇岛地区最古老的岩石—上太古界单塔子群白庙组花岗片麻岩（Ar_2b），向西追踪，依次为上元古界青白口系长龙山组（Pt_3ch）和景儿峪组（Pt_3j）、寒武系下统府君山组（ϵ_1f）和馒头组（ϵ_1m）（附图4-1、附图4-2）。

自上至下地层层序为：

下古生界（Pz_1）

寒武系（ϵ）

下统（ϵ_1）

馒头组（ϵ_1m）

（未见顶）

（1）灰白色白云岩：厚度0.8 m，块状，滴酸起泡弱，夹灰白色硅质岩条带和不均匀的团块。该层呈透镜状，分布长度15 m，宽度5 m。地层产状280°∠24°。

（2）砖红色粉砂质泥岩：厚度2.8 m，块状构造，风化严重。

（3）砖红色含灰质泥岩：厚度1.0 m，薄层状。

（4）砖红色粉砂质泥岩：厚度3.2 m，薄层状，风化严重。

（5）砖红色页岩：厚度0.8 m，页理发育，页理面上可见较多的白云母。

（6）深红色泥灰岩：厚度 0.4 m，薄层状。

（7）砖红色粉砂质泥岩：厚度 2.0 m，局部夹钙质泥岩薄层，发育水平层理。地层产状 276°∠21°。

（8）砖红色粉砂质泥岩：厚度 4.0 m，发育水平层理，夹页岩及薄层状钙质泥岩。

（9）砖红色泥岩：厚度 2.0 m，水平层理，风化严重，风化后成碎块状。

（10）灰白色白云岩：厚度 1.1 m，中层状，致密，突出于地表。

（11）灰白色泥灰岩：厚度 0.8 m，薄层状。

（12）砖红色粉砂质泥岩：厚度 4.3 m，发育水平层理。

（13）砖红色泥岩：厚度 11.8 m，发育水平层理，局部夹钙质泥岩。

（14）灰白色泥灰岩：厚度 0.4 m，薄层状，水平层理。

（15）灰白色白云岩：厚度 1.8 m，致密，块状，上部夹燧石结核和条带。

（16）砖红色泥灰岩：厚度 4.5 m，水平层理，局部夹粉砂岩条带。

（17）灰白色泥灰岩：厚度 0.6 m，水平层理，薄层状。

（18）砖红色泥岩：厚度 8.1 m，局部夹钙质泥岩条带和粉砂岩条带。

（19）砖红色泥岩：厚度 1.8 m，中层状。

（20）砖红色白云质泥岩：厚度 0.6 m，块状。

（21）砖红色粉砂质泥岩：厚度 0.6 m，块状。

（22）砖红色泥岩：厚度 3.4 m，块状。

（23）砖红色泥岩：厚度 11.0 m，局部夹白云质泥岩、钙质泥岩。地层产状 245°∠18°。

（24）砖红色泥岩：厚度 2.6 m，纹理发育，纹理厚度 3～5 mm，见大型宽缓波状层理，含灰质，滴酸气泡微弱。地层产状 164°∠20°。

（25）黄绿色泥岩：厚度 4.0 m，水平层理，局部夹砖红色泥质条带。

（26）黄绿色风化段：厚度 0.1 m，主要为黄绿色黏土，夹杂大量的燧石结核和白云岩碎块。

与下伏府君山组平行不整合接触。

———————————— 平行不整合 ————————————

府君山组（$\epsilon_1 f$）：

（1）灰白色白云岩：厚度 8.0 m，夹燧石结核和条带，燧石条带厚度 5～20 mm。地层产状 200°∠23°。

（2）青灰色白云质粉砂岩：厚度 9.0 m，厚层块状，滴盐酸起泡微弱。

（3）伟晶岩岩脉：宽度 10.0 m，灰白色，主要矿物成分为石英，发育大量晶洞，岩脉走向 330°。

（4）青灰色砂屑白云岩：厚度 10.0 m，滴酸起泡微弱。

（5）伟晶岩岩脉：宽度 30.0 m，灰白色，主要矿物成分为石英，含量超过 90%，伟晶结构，晶体颗粒大于 20 cm，晶体中见大量晶洞。

（6）灰色虫孔灰岩：厚度 10.0 m，见大量生物潜穴。地层产状 270°∠13°。

（7）灰色豹皮状灰岩：厚度 40.0 m，水平层理和波纹层理，纹层厚度 3～10 mm，滴稀盐酸起泡中等剧烈，夹有砂屑。由于是由白云岩、灰岩和粉砂条带三种岩性组合而成，导致颜色不均一而形成豹皮状的斑块。地层产状 320°∠11°。

（8）深灰色砂屑微晶灰质白云岩：厚度 8.0 m，块状，滴盐酸起泡，但不剧烈；裂缝发育，但又被方解石充填。地层产状 320°∠9°。

（9）灰白色白云质粉砂岩：厚度 1.2 m，分选较好，水平层理，滴盐酸起泡，但不剧烈。

（10）灰色砂屑灰质白云岩：厚度 1.5 m，滴稀盐酸起泡微弱。

（11）灰色灰质白云岩：厚度 0.5 m，微晶结构，水平层理，滴盐酸起泡弱。地层产状 304°∠9°。

（12）风化段：厚度 0.8 m，主要为黏土，混杂有未碎裂的灰质白云岩碎块。
与下伏上元古界青白口系景儿峪组平行不整合接触。

———————————— 平行不整合 ————————————

上元古界（Pt_3）

青白口系（Pt_3Qb）

景儿峪组（Pt_3j）

（1）蛋青色灰质白云岩：厚度 1.5 m，质地细腻，结构均匀，呈块状，滴酸起泡较弱，风化后呈灰白色。地层产状 290°∠9°。

（2）紫红色夹青灰色泥岩：厚度 15.0 m，水平层理，页理厚度 3～5 mm。岩石的颜色呈紫红色和青灰色，不同页理会呈现不同的颜色，甚至在同一页理中也可以看到两种颜色的混杂。

（3）细粒石英砂岩：厚度 15.0 m，石英含量 95% 以上。

（4）辉绿岩岩脉：宽度 15.0 m。

（5）紫红色泥岩：厚度 25.0 m，夹泥灰岩透镜体。地层产状 283°∠16°。

（6）辉绿岩岩脉：宽度 8.0 m。

（7）紫红色泥岩：厚度 3.0 m，水平层理，纹理厚 2～5 mm。

（8）辉绿岩岩脉：宽度 3.0 m。

(9) 紫红色泥岩：厚度 2.5 m，水平层理。

(10) 辉绿岩岩脉：宽度 25.0 m。

(11) 细粒石英砂岩：厚度 26.0 m，石英含量 95% 以上。

(12) 紫红色铁质石英砂岩：厚度 0.5 m，矿物成分主要为石英，含量 95% 以上，长石含量 1% 左右，胶结物含量小于 5%，胶结物主要为硅质和铁质。圆度为圆～次圆状，分选性较好，矿物成熟度高。

长龙山组（Pt_3ch）

(1) 紫红色泥岩：厚度 2.0 m，水平层理，夹灰绿色泥岩。

(2) 紫红色粉砂岩：厚度 9.5 m，局部夹页岩，发育水平层理，层面含白云母。

(3) 灰白色中粒石英砂岩：厚度 4.4 m，风化面为紫红色。石英含量 95% 左右，胶结物主要为硅质和褐铁矿，含量 5% 左右。圆度为次圆～圆状，分选好。

(4) 泥岩和粉砂岩互层：厚度 1.4 m，下部以紫色粉砂质页岩为主，上部为粉砂岩与海绿石钙质泥岩互层，发育水平层理、波状层理。

(5) 黄绿色粉砂质页岩与紫红色粉砂质页岩互层：厚度 3.0 m。主要矿物为石英，有少量的白云母和赤铁矿。

(6) 灰紫色细粒含铁质石英砂岩：厚度 7.7 m，发育小型槽状交错层理。地层产状 270°∠18°。

(7) 灰白色含海绿石石英砂岩：厚度 5.2 m，中下部为灰绿色薄层状含海绿石石英细砂岩夹紫红色薄层状细砂岩及薄层粉砂质页岩透镜体，上部为细粒海绿石石英砂岩。地层产状 260°∠18°。

(8) 灰绿色含海绿石石英细砂岩：厚度 1.7 m，夹紫红色薄层细砂岩、粉砂岩、页岩，水平层理。圆度为次圆～次棱角状，分选中等。地层产状 260°∠18°。

(9) 灰绿色含海绿石细砂岩：厚度 7.0 m，石英含量 50%～60%，片状矿物含量 10%～15%，磁铁矿 2%；自生矿物 15%～20%，多为海绿石；胶结物 15%～10%；局部夹灰白色页岩及粉砂质泥岩、薄层细粒海绿石石英砂岩。圆度为次圆～棱角状，分选中等。地层产状 264°∠20°。

(10) 灰白色细粒、中粒含海绿石石英砂岩：厚度 5.2 m，风化面为土黄色、黄褐色。地层产状 264°∠20°。

(11) 中粒石英砂岩：厚度 0.3 m，发育板状交错层理。

(12) 粗粒石英砂岩：厚度 0.3 m，发育大型板状交错层理，纹层倾角 15°～20°。

(13) 中粒石英砂岩：厚度 0.4 m，发育大型波状交错层理。

(14) 岩脉：闪长玢岩，宽度 3.5 m。

(15) 中粒石英砂岩：厚度 0.5 m，发育板状交错层理。

(16) 细粒石英砂岩：厚度 0.15 m，发育板状交错层理，纹层倾角 10°。

(17) 中粒石英砂岩：厚度 0.4 m，发育平缓的板状交错层理，纹层倾角 5°。

(18) 细粒石英砂岩：厚度 0.01 m，水平纹理。

(19) 中粒石英砂岩：厚度 0.1 m，发育波状层理。

(20) 中粒石英砂岩：厚度 0.2 m，发育板状交错层理。

(21) 细粒石英砂岩：厚度 0.1 m，水平层理，呈透镜状。

(22) 粗粒石英砂岩：厚度 0.6 m，发育板状交错层理。

(23) 中粒石英砂岩：厚度 0.02 m。

(24) 泥质粉砂岩：厚度 0.02 m，灰绿色，水平层理。

(25) 泥质粉砂岩：厚度 0.6 m，波状交错层理。

(26) 细粒石英砂岩：厚度 0.5 m，板状交错层理。

(27) 中粒石英砂岩：厚度 0.5 m，波状层理。

(28) 中粒石英砂岩：厚度 0.4 m，板状交错层理，纹理厚度 3～10 mm，纹理倾角 30°。

(29) 细粒石英砂岩：厚度 0.2 m，波状层理。

(30) 中粒石英砂岩：厚度 0.3 m，板状交错层理，纹理厚度 3～5 mm，纹理倾角 45°。

(31) 粗粒石英砂岩：厚度 0.5 m，板状交错层理，颗粒呈圆状，分选好，石英含量 98%。

(32) 含砾砂岩：厚度 0.1 m，发育冲洗交错层理。

(33) 粗粒石英砂岩：厚度 1.2 m，石英含量 98% 以上，少量正长石，发育板状交错层理，纹层厚度 3～10 mm，纹层倾角 10° 左右。

(34) 粗粒石英砂岩：厚度 1.7 m，发育冲洗交错层理，局部夹砾岩透镜体。地层产状 267°∠21°。

(35) 砾岩：厚度 0.5 m，砾石大小 2～10 mm，砾石颗粒呈圆状，砂体呈透镜状，延伸宽度 5.0 m。

(36) 粗粒石英砂岩：厚度 0.5 m，石英含量 98%，分选好，颗粒呈圆状、次圆状，发育冲洗交错层理。

(37) 青灰色砾岩：厚度 0.1 m，砾石大小 2～10 mm，次圆状、圆状，砾石含量 85%，砂体呈透镜状分布，延伸宽度 5.0 m。

(38) 粗粒石英砂岩：厚度 0.4 m，石英含量 98%，少量其他矿物，颗粒呈圆状、次圆状。地层产状 298°∠26°。

（39）含砾粗砂岩，厚度 0.1 m，砾石大小 2～10 mm，颗粒呈次圆状、滚圆状，砂体呈透镜状分布，延伸宽度 5.0 m。

（40）粗粒石英砂岩：厚度 0.2 m，石英含量 98%，少量其他矿物，发育冲洗交错层理。

（41）泥质粉砂岩：厚度 0.01 m，含海绿石矿物。

（42）细砂岩及粉砂岩：厚度 1.0 m，石英含量 98%。

（43）泥质粉砂岩：厚度 0.01 m，水平层理。

（44）粉砂岩：厚度 0.08 m，石英含量 98%。

（45）泥质粉砂岩：厚度 0.01 m，水平层理。

（46）粗粒石英砂岩：厚度 0.1 m，石英含量 98%，颗粒呈次圆状，波纹层理。

（47）含砾粗砂岩：厚度 0.1 m，砾石大小 0.5～2 cm，呈滚圆状，层面见波痕构造，砂体呈透镜状分布。

与下伏上太古界单塔子群白庙组角度不整合接触。

～～～～～～～～～～～～～～～ 角度不整合 ～～～～～～～～～～～～～～～

上太古界（Ar_2）

单塔子群

白庙组（Ar_2b）

浅肉红色粗粒花岗片麻岩。粒状变晶结构，块状构造、片麻状构造。矿物组成为斜长石含量 40%，石英含量 30%，正长石含量 25%，其他有少量的黑云母和角闪石，还有次生矿物绢云母和高岭石。岩石中有大量的正长伟晶岩岩脉穿插其中。

二、其他地质现象

1. 不整合面

（1）下寒武统馒头组—府君山组之间的平行不整合

在东部落北山的西斜坡处出露有下寒武统馒头组和府君山组之间的平行不整合接触面（图 4-1）。不整合面以下为府君山组含燧石条带灰质白云岩，地层产状 200°∠23°。不整合面以上为馒头组黄绿色泥岩，水平层理，局部夹砖红色泥质条带，地层产状 164°∠20°。不整合面上分布有厚度 0.1 m 左右的风化物，为黄绿色黏土夹杂含燧石结核的白云岩碎块。该不整合面应该是一次短期的地质事件导致的沉积基准面下降的结果。

图 4-1 下寒武统馒头组—府君山组之间的平行不整合接触示意图

（2）下寒武统—上元古界之间的平行不整合

在张岩子到东部落村之间的小河沟西侧斜坡中部的陡坎下部出露有比较清楚的下寒武统府君山组和上元古界景儿峪组之间的不整合面（图 4-2）。不整合面以下为上元古界景儿峪组蛋青色灰质白云岩，风化后呈灰白色，质地细腻，结构均匀，呈块状，滴酸起泡较弱，该层厚度 1.5 m 左右，产状为 290°∠9°。不整合面以上是下寒武统府君山组灰色灰质白云岩，滴酸起泡中等，产状为 304°∠9°。不整合面上分布有厚度 0.8 m 左右的风化产物，为碎裂的灰质白云岩团块和黏土。该不整合面对应的是蓟县运动时期，很可能是一次大的冰期导致的结果。

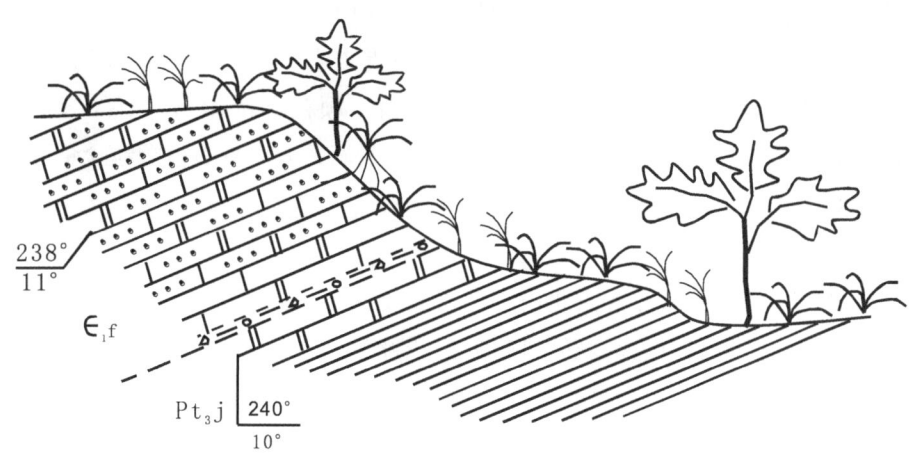

图 4-2 下寒武统—上元古界平行不整合接触示意图

（3）上元古界—上太古界角度不整合

在张岩子村西山的山脚处可以看到上元古界青白口系长龙山组砂砾岩直接覆盖在上太古界花岗片麻岩之上，二者为沉积不整合接触（图 4-3）。不整合面上分布有厚度 0.1 m 左右的古风化残积层。该不整合面应该是吕梁运动的结果。

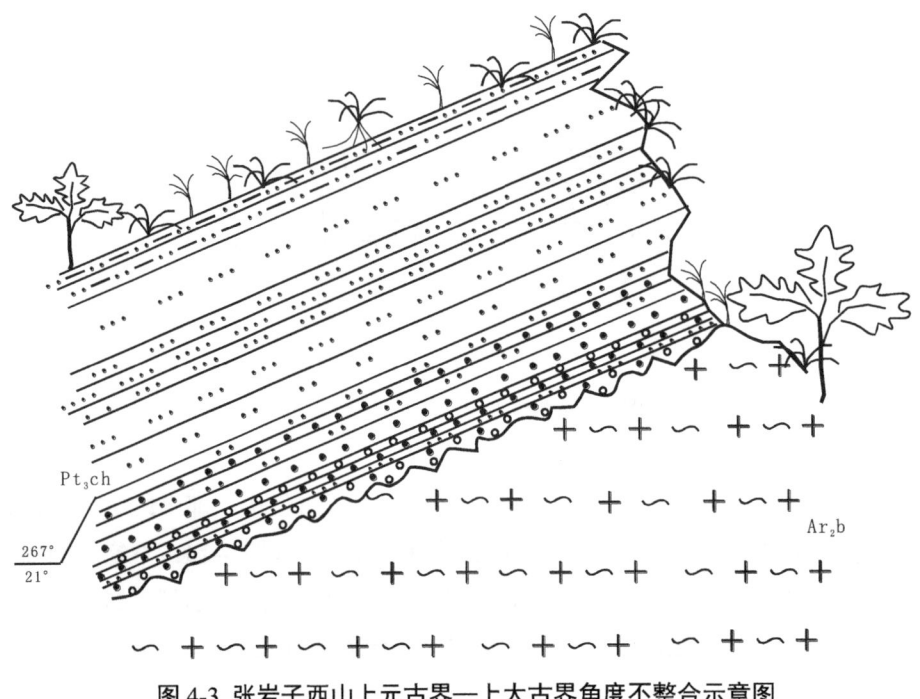

图 4-3 张岩子西山上元古界—上太古界角度不整合示意图

2. 岩脉

（1）辉绿岩岩脉

辉绿岩岩脉分布在张岩子村和东部落村之间山道的山梁和山坡处，有多处出露，主要侵入在青白口系景儿峪组地层中。出露点有五处，规模最大的一条宽度可达 25 m。灰绿色，致密，坚硬，似斑状结构。颗粒含量 40% 左右，斑晶大小 1～5 mm，斑晶呈粒状、针状，斑晶为辉石和斜长石，其中辉石占颗粒含量的 70%，斜长石占 30%。

（2）细晶岩岩脉

细晶岩岩脉分布在东部落东北山坡的采石场南端，主要出露于下寒武统府君山组地层中。新鲜面呈灰白色，表面风化后呈浅红色。颗粒大小 0.5～1.0 mm，细晶结构，外观上似结块的细砂糖状。主要矿物成分为石英和正长石，含量分别为 40% 和 55%，另有其他少量的暗色矿物。岩脉近直立，走向 340°，倾向 250°，倾角 80°，宽度 3 m，延伸长度大于 30 m。

（3）伟晶岩岩脉

伟晶岩岩脉分布在东部落北侧山丘顶，共有三处，主要出露于下寒武统府君山组地层中。灰白色，块状，大部分颗粒大于 30 cm，伟晶结构，内部见大量的晶洞。主要矿物成分为石英，含量大于 90%。岩脉走向 330°，宽约 5～30 m，长 10～30 m。

思 考 题

（1）总结上太古界岩石的特征。
（2）总结柳江盆地上元古界和下寒武统的地层特点。
（3）根据观察，分析地质历史时期形成地层不整合的可能因素。
（4）根据观察，分析下寒武统碳酸盐岩中硅质条带、燧石条带和燧石结核的成因。
（5）查阅资料，根据现代海洋中海绿石矿物的分布，总结海绿石的形成环境条件。

第二节　鸡冠山上太古界—上元古界剖面及构造线路

地理位置：八岭沟村西北鸡冠山。

构造位置：柳江盆地南端部。

教学内容：（1）观察、描述上太古界花岗片麻岩；

（2）了解上元古界地层层序；

（3）观察、认识沉积岩中的各类沉积构造；

（4）进一步认识海绿石矿物；

（5）观察地层之间的接触关系；

（6）观察断层、地堑等地质构造现象，并掌握断层的测量和描述方法。

一、上太古界花岗片麻岩岩石学特征

站在八岭沟村附近的省道 S251 公路上，向西北方向眺望，可以看到一座山，山顶为层状岩石，自东北向西南缓缓降低，状似鸡冠，故得名鸡冠山。站在山脚下观看，山顶生长的是草本植物和灌木，下部山坡以乔木和灌木为主，说明上下岩石类型不同，抗风化能力不同，风化产物不同，风化后的土壤层厚度不同，因此就形成了不同的植被。

自山脚沿上山的小路前行，首先遇到的岩石是浅肉红色花岗片麻岩，风化比较严重，中粗粒、半自形粒状结构，块状构造，片麻状构造。矿物成分主要为正长石，含量 48% 左右，斜长石含量 23% 左右，石英含量 25%，其他有黑云母、角闪石和磁铁矿等。内部见不同方向的正长伟晶岩岩脉交错穿插。岩体中主要发育两组节理，根据山脚下剖面测量，一组走向 325°，倾向 55°，倾角 66°；另一组走向 34°，倾向 124°，倾角 67°。山顶不整合面下部分布的是灰白色花岗片麻岩，风化严重。花岗结构，中粒，弱片麻状构造，块状构造。石英含量 35%，斜长石含量 35%，正长石含量 25%，黑云母含量 5%。石英为他形晶，颗粒大小 2～4 mm；斜长石为自形—他形晶，颗粒大小 3～5 mm；正长石呈自形—他形晶，颗粒大小 2～4 mm，正长石多被风化为高岭土；黑云母呈鳞片状，颗粒一般小于 1 mm。根据河北省地矿局同位素测量结果，同位素年龄为 2486～2552 Ma，即形成于新太古代。

二、上元古界海相沉积岩岩石特征

1. 岩石类型

砾岩：主要分布在长龙山组底部，厚度 0.2～0.3 m。新鲜面颜色为灰白色，风化面呈黄褐色，砾石大小 0.5～1.5 cm，磨圆度比较高，呈次圆到圆状，主要为石英、斜长石和正长石颗粒。发育正粒序层理或块状构造。

含砾石英砂岩：白色、灰白色，砾石大小一般 2～4 mm，不同层段中砾石含量变化比较大，砾石主要为石英颗粒。岩石中石英含量占颗粒的 95% 以上，分选较好，圆度为圆状到次圆状。

粗粒石英砂岩：白色、灰白色，石英含量占颗粒的 95% 以上，分选好，磨圆度高。可见海绿石矿物。

海绿石石英中砂岩、细砂岩、粉砂岩：绿色、浅绿色，均可见海绿石矿物，但含量变化大，一般 5%～20%，海绿石呈细小颗粒或浸染状分布于石英颗粒之间，以填隙物的形式存在，其含量一般随着岩性变细而增加。岩石中发育波纹层理、波状交错层理、槽状交错层理、楔状交错层理、板状交错层理等。

泥质粉砂岩：绿色、灰绿色，海绿石矿物含量一般较高。多发育水平层理、波纹层理。

泥岩：灰绿色、黄褐色，一般以薄层状夹在砂岩中，厚度一般 10～50 cm。发育波纹层理、水平纹理，纹层面上可见比较多的白云母。

2. 沉积构造类型

长龙山组这套海相地层由于受波浪和潮汐水流的作用，沉积构造类型丰富多样。

槽状交错层理：多发育在粗粒石英砂岩中，纹理厚度 0.5～1.0 cm，纹层组厚度 10～25 cm。滨浅海的槽状交错层理一般发育于上临滨。同普通河流砂岩中的槽状交错层理相比，该处的槽状交错层理不是很规则（图 4-4），中间夹一些似波状的层理，有时槽状纹层会过渡呈缓波状。

楔状交错层理：一般发育在粗粒、中粒海绿石石英砂岩中。纹理厚度 0.3～0.8 cm，纹层组厚度 10～20 cm，纹层组相互交切，不同纹层组间的纹层甚至方向相反（图 4-4）。一般发育于中临滨砂岩中。

板状交错层理：主要发育在中粒、细粒海绿石石英砂岩中。纹理厚度 0.3～1.0 cm，纹层组厚度 15～30 cm，纹层倾角比较缓，纹层变化大（图 4-4），相邻纹层组中纹层倾角有时相差一倍以上。一般发育在下临滨砂岩中。

波状交错层理：主要发育在细粒海绿石石英砂岩中（图 4-4）。纹理厚度 0.3～0.5 cm，纹层组厚度 5～10 cm。多发育在下临滨。

波状层理：波纹层理是波浪作用的结果（图 4-4），长龙山组地层中的波纹层理主要发育在海绿石石英粉砂岩、细砂岩中。波纹层理有两种类型，一种为大型波纹层理，一种为小型波纹层理。大型波纹层理的纹层厚度 0.3～0.8 cm，波长 10～18 cm，波高 2～5 cm。波长波高比较大，属于大型波浪作用的结果，多发育在下临滨向浅海的过渡带上。另一种波纹层理的波长比较小，发育在前滨地带的下部。

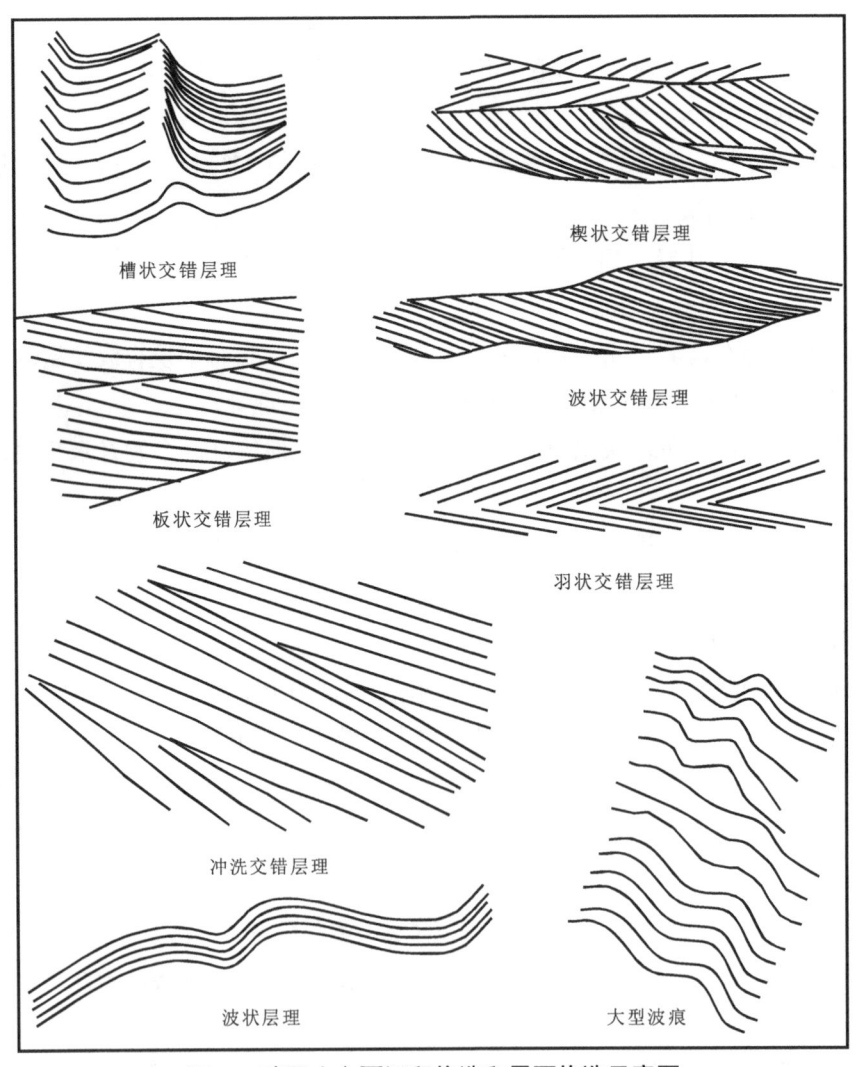

图 4-4　鸡冠山主要沉积构造和层面构造示意图

透镜状层理、脉状层理：这两类层理一般发育在粉砂岩、泥质粉砂岩和泥岩互层中，与波状层理伴生。当泥质含量高，砂含量少时，表现为透镜状层理，当砂多泥少时表现为脉状层理。砂多分布在波峰处，泥多分布在波谷处。这类层理多发育在滨海向浅海的过渡带上。

羽状交错层理：一般发育在粗砂岩、中砂岩中。在两个相邻的纹层组中纹层倾向相反，状似羽毛（图4-4），有些专家把这种层理也称作双向交错层理、青鱼刺层理。纹理厚度0.5～1.5 cm，纹层组厚度10～30 cm，纹层与纹层组界面的夹角13°～18°。羽状交错层理只发育在潮汐水道中。

水平层理：主要发育在灰绿色泥岩、粉砂质泥岩和泥质粉砂岩中，纹理厚度0.3～1.0 cm。形成于浅海环境。

大型波痕：在长龙山石英砂岩的层面上波痕十分发育，多为大型波痕（图4-4），鸡冠山山顶发育的波痕最典型。岩性为灰绿色海绿石石英砂岩、含砾砂岩，砾石直径3～4 mm，圆度为次圆状，分选中等，海绿石含量3%～5%。波峰尖锐，波谷平缓，波峰不对称，波长30～42 cm，波高3.5～6.5 cm，波峰走向81°，陡坡倾向345°，倾角26°，缓坡倾向166°，倾角16°。通过波痕可以判断该段古海岸线的延伸方向大致是81°，波浪运动方向345°，即向北边为陆地，南边为海洋。

冲刷构造：主要发育在砾岩、含砾砂岩、粗砂岩的底部，冲刷面上下可以是砾岩－泥岩，含砾砂岩－泥岩，也可以是含砾砂岩－砂岩之间的接触面。

冲洗交错层理：在滨海的前滨地带上部，地势较陡，并向海倾斜，波浪在这里已经变成冲流，水流在极浅的岸线变成面状水流往返冲洗，冲流速度大于回流速度，每次的向岸冲流都会沉积一层薄薄的砂层，并携带有砾，加积在向海倾斜的前滨带上部，层层叠加从而形成具有前滨带特有的低角度冲洗交错层理（图4-4）。

双黏土层和单黏土：是潮汐周期性活动的结果，在潮汐活动期和静止期周期性交替的影响下，涨潮期沉积的砂层和退潮期沉积的砂层分别被平潮期和停潮期沉积的两个黏土层隔开，即双黏土层。两个黏土层之间夹的薄层砂代表了退潮期间沉积的砂层，厚层砂是涨潮期沉积的砂层。如果冲刷作用强，只保留了停潮期的黏土层，叫单黏土层。在长龙山组中粒石英砂岩中发育多组双黏土层，黏土层呈缓倾斜的反"S"形。黏土层厚度一般2～3 mm，沿纹层面分布，每组双黏土层内的间隔厚度5～10 mm，每组双黏土层之间的间隔厚度3～8 cm。

潮汐束状体：在潮汐沉积体中两组相邻的双黏土层所隔开的前积纹层组叫潮汐束状体，一个束状体代表了一次潮汐活动周期。潮汐束状体发育于中粒石英砂岩中，中部呈上凸状，底部呈凹形与地层界面相交，夹角15°～25°。束状体的厚度3～8 cm，厚度的变化反映了大潮和小潮周期的变化。

三、构造现象

1. 角度不整合

上元古界长龙山组地层直接覆盖在上太古界花岗片麻岩之上，为角度不整合接触关系（图4-5）。

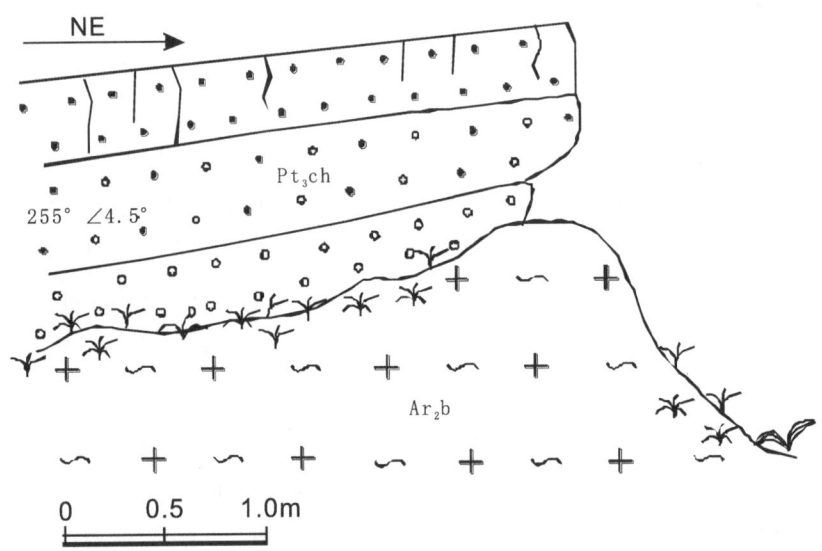

图4-5 上元古界长龙山组与上太古界之间的角度不整合接触关系示意图

上元古界长龙山组地层沉积之前，该地区长期处于剥蚀状态，持续了大约1500 ma，出露的地层为上太古界花岗片麻岩。区域上，由于长期遭受风化，正长石、斜长石大多已转化为高岭土，风化面呈灰白色、灰绿色。残积层厚度0.1～0.3 m，结构疏松，含有少量的石英砾石颗粒。风化面上部的长龙山组底部为砾岩，砾石来自下部花岗片麻岩的风化残积物，主要为石英和正长石颗粒，砾石大小0.5～1.5 cm，磨圆度为次圆到圆状，发育正粒序层理、块状构造，底部为冲刷构造。

2. 小型正断层

鸡冠山地区断层发育，有正断层、逆断层、平移断层，规模有大有小。在长龙山组中部的台阶处发育了一条小型的正断层（图4-6）。上下盘中均可以追踪到厚度10 cm左右的灰白色泥质粉砂岩，把这一层作为标准层判断该断层为正断层，断层走向151°，倾向241°，倾角48°，断距0.5 m。断层面上有擦痕和断层角砾发育，角砾主要为破碎的砂岩和泥质粉砂岩，颗粒最大5 cm，断层上段破碎带宽度40 cm，下段宽度 15 cm，向下逐渐消失。断层上下盘有轻微的正牵引现象，断层上下盘均发育有高角度的剪性裂缝，上盘裂缝密度大，规模大，都是正断层的伴生缝。

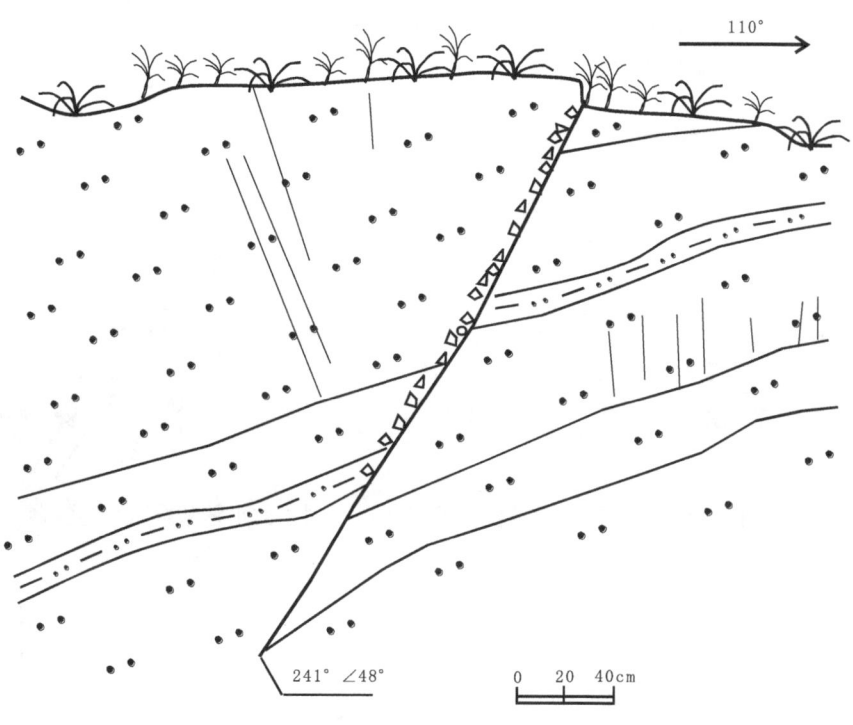

图 4-6 正断层以及与正断层伴生的裂缝

3. 断层擦痕、阶步及派生裂缝

擦痕是断层两盘的地层相对运动时，在断层面上因摩擦留下的痕迹。断面擦痕通常呈平行的断续条痕，通过擦痕可以判断断层的性质。在断层面上通常也可以见到断层阶步，就是沿擦痕延伸方向上常被垂直它们的小陡坎中断，这些小陡坎称作断层阶步。坎高一般几毫米，它是顺擦痕方向局部阻力的差异或因断层间歇性运动顿挫而形成的。阶步的陡坎一般面向对盘的运动方向。

在山腰悬崖处可以看到一个断面，断面上发育了密集的近水平方向擦痕（图 4-7），说明该断层为平移断层。擦痕的槽深 1.0～2.0 mm，槽宽 0.5～3.0 cm。发育了十多个阶步，阶步陡坎高度 3～10 mm，眉峰大多呈平缓的弧形，阶步有直线形、凸弧形。阶步的陡坎指向右侧，表明对盘是向右侧运动（面对断面，靠近观察者一盘），该断层为左行平移断层。断层走向 135°～156°，断面直立。根据观察，断层派生的裂缝十分发育，主要为近直立的张剪性裂缝，裂缝走向 77°～85°，与断面近于直交（图 4-8），裂缝延伸长度 1～10 m，靠近断层一侧裂缝宽度大，远离断层一侧裂缝变窄，直至消失，裂缝密度 9 条/m。

平移断层按照两盘相对平移的方向划分为左行（或左旋）和右行（或右旋），按照逆时针方向旋转为左旋，按照顺时针方向旋转为右旋。也可以采用另外一种方法判断是左旋还是右旋，站在一盘上，面对断层面，对面盘如果是向左侧滑动，就是左旋，如果是向右侧滑动就是右旋。

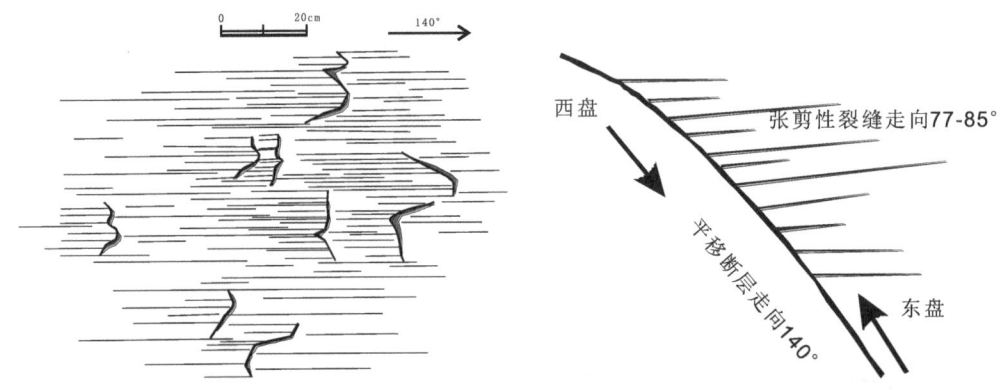

图 4-7 平移断层断层面上的阶步和擦痕　　图 4-8 平移断层派生的裂缝

4. 小型正花状构造

在通往山顶的山路西侧，有一处地层比较凌乱，发育了三条规模比较小的逆断层（图 4-9），断层切穿了基底花岗片麻岩。南侧断层断距 1.5 m，断层走向 110°，倾向 20°，倾角 70°。中间断层断距 0.5 m，走向 110°，倾向 20°，倾角 78°。北侧断层断距 1.4 m，断层走向 120°，倾向 210°，倾角 70°～85°。这三条断层实际上是一个正花状断层组合。

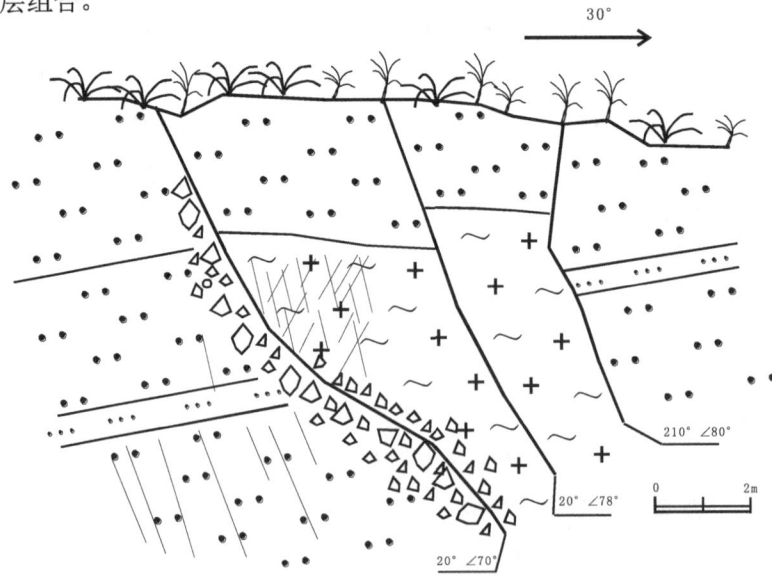

图 4-9 三条逆断层及伴生的裂缝

该处在不到 10 m 的宽度范围内发育三条断层，再加上上下岩性差别大，发育的裂缝类型十分复杂，南侧逆断层的断距较大，断层两侧裂缝发育，下盘岩性为石英砂岩，发育与逆断层近于平行的剪裂缝，上盘的上部为石英砂岩，下部为半风化的花岗片麻岩，在花岗片麻岩中发育一组"X"形共轭剪裂缝（图 4-9），这组剪裂缝可能与局部应力作用有关。

5. 地堑构造

站在鸡冠山山顶向西北方向望去是西侧的大平台和汤河河谷，鸡冠山一侧是高差 80～100 m 的悬崖，为一正断层（图 4-10 中的 F4 断层），走向 70°左右；站在悬崖旁边向下看，从悬崖到河谷底部还有一个台阶，该台阶距河谷底部的高差 30～40 m，台阶的外沿也是一条断层（F3），走向 45°左右，断面近直立。河谷对面的大平台明显可以看到两个悬崖，目测两个悬崖壁的高差分别有 40 m 和 50 m，为两条断层（图中的 F1 和 F2 断层），西侧断层（F1）走向 53°左右，断面横向上弯曲呈不规则的"S"形，断面近直立；靠近东侧的断层（F2）走向 45°左右，断面平直。大平台的地层近于水平，与鸡冠山基本一致，上部为长龙山组石英砂岩，基底为上太古界花岗片麻岩，谷底为第四纪的河床沉积。

这四条断层的走向均为北东向，又相向而掉，形成了一个地堑，汤河沿地堑的最低处流出柳江盆地。

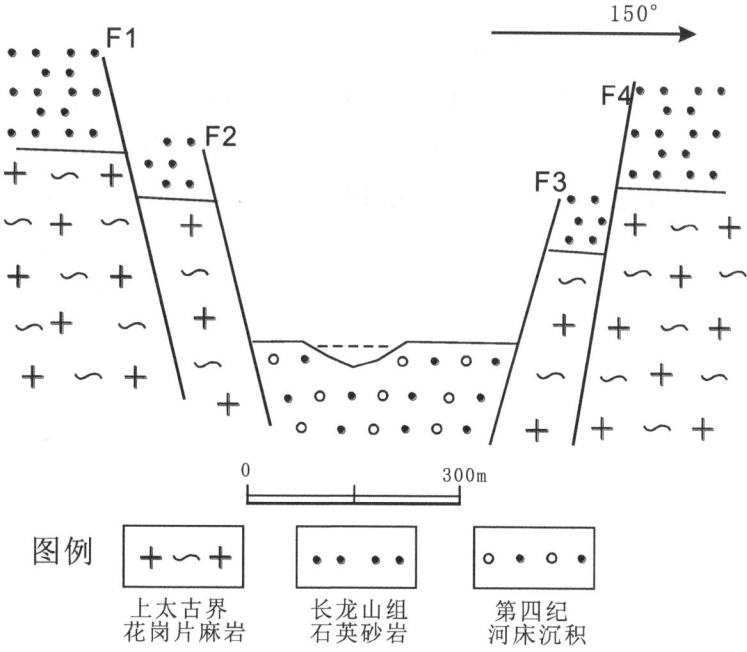

图 4-10 汤河地堑示意图

6. 剪切带

鸡冠山长龙山组砂岩中见一条剪切带（图 4-11）。根据 B.E. 霍布斯的定义，剪切带是岩层有断层状位移，但没有明显断开，岩石呈塑性剪切的变形。剪切带的走向 120°，倾向 30°，倾角 76°。扭动距离 5～10 cm，似断非断，大部分层没有明显断开。剪切带两侧发育比较密集的裂缝，裂缝与剪切面斜交，夹角 30° 左右，裂缝密度 10 条 /10 cm，延伸长度变化大，短的 10 cm，长的达 2 m。

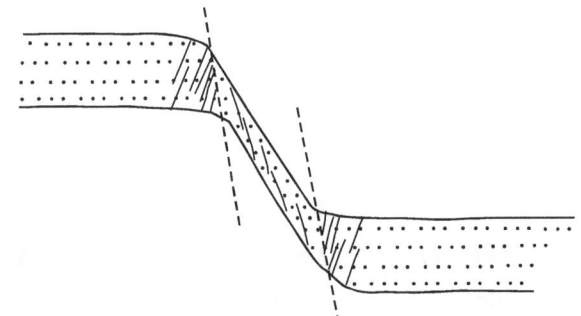

图 4-11 剪切带及伴生的裂缝示意图

思 考 题

（1）根据观察，分析不同性质的断层形成时的受力机制。
（2）根据观察，总结石英、正长石、斜长石、海绿石等矿物的特征及鉴别方法。
（3）根据观察，总结长龙山组的特征，分析形成的环境条件。
（4）查阅资料，总结不同沉积构造的特征，并分析其形成时的水动力条件。

第三节　沙河寨寒武系下统—中统剖面以及岩溶作用线路

地理位置：沙河寨西北方向。

构造位置：柳江向斜东翼。

教学内容：（1）了解柳江盆地寒武系中、下统的地层特征；

（2）观察辉绿岩岩脉；

（3）观察地表水的溶蚀作用。

一、寒武系下统—中统露头

从沙河寨村向西北方向大约 2000 m 处的山坡开始是寒武系下统馒头组（$\epsilon_1 m$），沿山坡向上，随着地层颜色由砖红色转变为紫红色（猪肝色），地层也就过渡到了寒武系中统毛庄组（$\epsilon_2 m$），继续向前，到达山岭顶部时，地层的颜色由紫红色转变成了黄绿色，这就到了徐庄组（$\epsilon_2 x$）（附图 4-3）。

馒头组、毛庄组和徐庄组都是以泥岩为主，地层又是连续的，主要的区别是颜色不同，馒头组主要为砖红色，毛庄组呈紫红色，徐庄组以黄绿色为主。为了便于记忆和区别，常常把馒头组叫作砖红色、鲜红色、猪血色，把毛庄组叫作紫红色、暗紫色、猪肝色，徐庄组叫作黄绿色、猪胆色。形象地说由猪血色变成猪肝色就是由馒头组到了毛庄组，再由猪肝色变成猪胆色就是由毛庄组到了徐庄组。

自上而下地层层序为：

寒武系（ϵ）

中统（ϵ_2）

徐庄组（$\epsilon_2 x$）

（上部未完）

（1）棕色页岩夹黄绿色页岩条带：厚度 4.5 m，水平层理，纹理厚度 3～8 mm。

（2）黄绿色页岩：厚度 0.4 m，水平层理，纹理厚度 2～3 mm。地层产状 335°∠17°。

毛庄组（$\epsilon_2 m$）

（1）紫红色泥岩：厚度 32.0 m，块状，风化后呈碎块状。

（2）辉绿岩岩脉：宽度 18.0 m。

（3）紫红色泥岩：厚度 3.6 m，块状。

（4）辉绿岩岩脉：宽度 2.0 m。

（5）紫红色泥岩：厚度 13.0 m，块状。

（6）辉绿岩岩脉：宽度 21.0 m。

（7）紫红色泥岩：厚度 7.2 m，块状。

（8）辉绿岩岩脉：宽度 5.0 m。

（9）猪肝色泥岩：厚度 3.1 m，块状。

（10）辉绿岩岩脉：宽度 50.0 m。

（11）猪肝色泥岩，厚度 1.3 m，块状。

（12）棕色灰质白云岩：厚度 0.08 m，滴酸起泡中等。地层产状 337°∠16°。

（13）猪肝色泥岩：厚度 1.4 m，块状。

与下伏的寒武系下统馒头组整合接触。

下统（ϵ_1）

馒头组（$\epsilon_1 m$）

（1）砖红色泥岩：厚度 1.3 m，夹黄绿色泥岩和白云岩条带。

（2）灰色灰质白云岩：厚度 1.1 m，水平层理，纹理厚度 3～10 mm，夹薄层黄绿色泥岩。该层挤压变形比较严重，横向上分布范围比较小，该层为透镜体。

（3）黄绿色泥岩：厚度 0.4 m，水平层理。

（4）砖红色泥岩：厚度 13.0 m，块状。地层产状 295°∠22°。

（5）辉绿岩岩脉：宽度 2.0 m。

（6）砖红色泥岩：厚度 20.0 m，块状。地层产状 282°∠20°。

（7）黄绿色泥岩：厚度 0.3 m，水平层理，纹理厚度 2～5 mm。地层产状 227°∠15°。

（8）砖红色泥岩：厚度 8.8 m，块状。

（9）砖红色泥岩：厚度 5.5 m，水平层理，纹理厚度 5 mm 左右。地层产状 252°∠22°。

（10）灰白色白云岩：厚度 1.0 m，滴酸起泡微弱，夹硅质条带，延伸宽度 10 m 左右，是透镜体。

（未见底）

二、其他地质现象

1. 象鼻山

象鼻山位于柳江盆地东部的沙河寨村东北,沙河西岸。该处出露的岩石为下古生界寒武系下统府君山组岩,自下而上依次为:(1)豹皮灰岩,块状,厚度3.5 m;(2)豹皮灰岩,水平层理,厚度4.2 m,地层产状287°∠23°;(3)辉绿岩,厚度0.1 m;(4)豹皮灰岩,厚度6.2 m,地层产状283°∠20°。

由于河水的冲蚀、溶蚀作用,在水位面附近溶洞发育,最大的一个溶洞高2.7 m,洞深4.1 m,里面还发育一些小溶洞,小溶洞高1.5 m,洞深可能有10 m。河水差异化的冲蚀,这块巨大的岩石从侧面看状似大象,水面附近延伸到河里的岩石酷似象鼻子伸入河中饮水,形态惟妙惟肖,因此人们把该地称作象鼻山(图4-12)。

象鼻山的形成与岩石、地貌、河流三者巧妙的配合密切相关。厚层块状石灰岩抗风化能力强,突出于地面和河岸,但石灰岩不耐溶蚀。象鼻山正好位于沙河拐弯处,发源于北部山地的沙河沿山坡倾泻而下,正面冲击到石灰岩,在河流的冲蚀、河水的溶蚀下,形成了溶洞,塑造成"象鼻山",这就是所谓的自然天成。

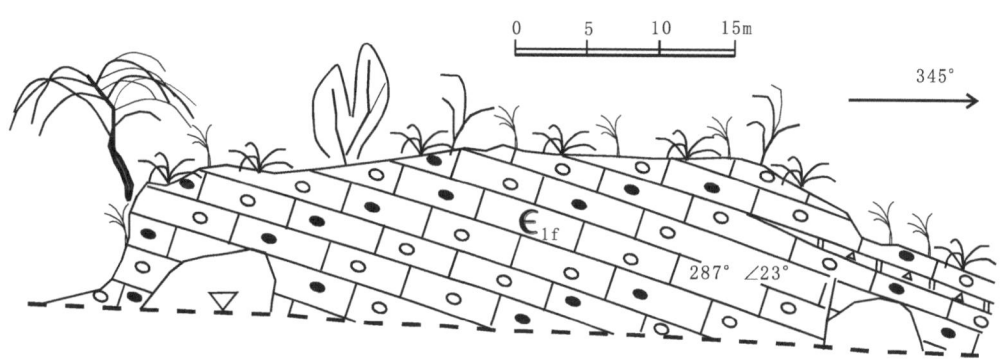

图 4-12 沙河寨象鼻山岩性剖面示意图

2. 辉绿岩岩脉

在沙河寨寒武系中统到下统露头剖面的路线上分布有大量的辉绿岩岩脉,频繁穿插在各地层中,多数风化比较严重。岩石呈辉绿结构、似斑状结构,块状构造。斑晶含量25%左右,颗粒大小1~3 mm,为辉石和斜长石,辉石多呈短柱状、粒状,斜长石多呈针状。

思 考 题

（1）总结馒头组和毛庄组的地层特点。

（2）从馒头组到毛庄组、徐庄组都是以泥岩为主，为什么岩石的颜色会发生有规律的变化？请详细总结分析。

（3）详细观察象鼻山的地貌特征，分析地表水的溶蚀作用。

第四节　东部落西山寒武系中统剖面及侵入岩岩脉线路

地理位置：东部落西山山脚到山顶。
构造位置：柳江向斜东翼。
教学内容：（1）了解柳江盆地寒武系中统徐庄组和张夏组的地层特征；
　　　　　（2）掌握碳酸盐岩的描述方法；
　　　　　（3）观察、认识三叶虫化石。

一、寒武系中统露头

从东部落村西侧的小河沟开始是寒武系中统毛庄组（$\epsilon_2 m$）的顶，向西沿山坡向上，依次出现徐庄组（$\epsilon_2 x$）、张夏组（$\epsilon_2 z$），到山顶残留了少量的寒武系上统崮山组（$\epsilon_3 g$）（附图4-4）。

自上至下地层层序为：

寒武系（ϵ）

上统（ϵ_3）

崮山组（$\epsilon_3 g$）

（上部被剥蚀）

（1）紫红色角砾状灰岩：厚度1.8 m，角砾大小1～5 cm，滴酸起泡剧烈。

（2）紫红色泥灰岩：厚度1.0 m，水平层理，层理厚度3～5 mm，滴酸起泡中等。

（3）紫红色角砾灰岩：厚度3.0 m，角砾大小1～10 cm，有些有磨圆，有些呈棱角状。地层产状240°∠29°。

（4）紫红色泥岩：厚度5.0 m，水平层理，纹理厚度3～5 mm，含灰质，滴酸起泡中等。地层产状240°∠30°。

中统（ϵ_2）

张夏组（$\epsilon_2 z$）

（1）灰色鲕粒灰岩：厚度10.0 m，中厚层状，鲕粒含量40%左右，鲕粒大小1 mm

左右，滴酸起泡剧烈。顶部 1 m 为微晶灰岩。地层产状 220°∠22°。

（2）闪长玢岩岩脉：宽度 30.0 m。

（3）灰白色鲕粒灰岩：厚度 2.0 m，夹黄绿色泥岩。

（4）闪长玢岩岩脉：宽度 20.0 m。

（5）灰白色鲕粒灰岩：厚度 5.0 m，下部少部分为微晶灰岩，上部为鲕粒灰岩，滴酸起泡剧烈。地层产状 242°∠26°。

（6）闪长玢岩岩脉：宽度 9.0 m。

（7）灰色鲕粒灰岩：厚度 1.5 m，鲕粒大小 1 mm 左右，鲕粒含量 30% 左右，宽缓的波纹层理，滴酸起泡剧烈，顶部为微晶灰岩。

（8）鲕粒灰岩：厚度 3.0 m，夹黄绿色泥岩，黄绿色泥岩呈水平层理，层理厚度 3～10 mm。鲕粒大小 0.5 mm 左右，鲕粒含量 35% 左右。

（9）灰白色鲕粒灰岩：厚度 0.5 m，鲕粒大小 1～1.5 mm，鲕粒含量 50% 左右，缓波状层理，滴酸起泡中等。地层产状 195°∠19°。

（10）黄绿色泥岩：厚度 1.5 m，水平层理，纹理厚度 4～20 mm。地层产状 195°∠15°。

（11）灰白色鲕粒灰岩：厚度 0.8 m，鲕粒大小 0.5～1 mm，鲕粒含量 30% 左右，岩石有一定结晶作用，晶体颗粒大小 1 mm 左右，滴酸起泡剧烈。

（12）黄绿色泥灰岩：厚度 1.2 m，水平层理，纹理厚度 5～20 mm，滴酸起泡。地层产状 255°∠24°。

（13）灰色鲕粒灰岩：厚度 1.5 m，鲕粒大小 0.5～1 mm，滴酸起泡剧烈。地层产状 255°∠10°。

（14）灰白色白云质灰岩：厚度 0.5 m，滴酸起泡但并不剧烈。地层产状 210°∠15°。

徐庄组（$\epsilon_2 x$）

（1）黄绿色页岩：厚度 13.0 m，水平纹理，纹理厚度 3～5 mm。

（2）灰白色石灰岩：厚度 0.5 m，透镜体。

（3）深灰色泥岩：厚度 10.0 m。

（4）灰白色灰岩：厚度 0.2 m，透镜体。

（5）黄绿色页岩：厚度 15.0 m，水平层理，页理厚度 2～5 mm。

（6）暗紫色页岩：厚度 10.0 m，水平层理，页理厚度 5 mm 左右。

（7）辉绿岩岩脉：宽度 20.0 m，走向 35°。

（8）黄绿色、灰绿色页岩：厚度 20.0 m，水平层理，页理厚度 3～10 mm。

（9）暗紫色页岩：厚度 1.0 m，水平层理，页理厚度 2~10 mm，层面上有白云母分布。

（10）辉绿岩岩脉：宽度 0.5 m，走向 40°。

（11）灰紫色页岩：厚度 15.0 m，水平层理，页理厚度 2~10 mm，层面上见白云母。地层产状 305°∠6°。

（12）辉绿岩岩脉：厚度 0.5 m，走向 20°。

（13）灰绿色页岩：水平层理，页理厚度 2~10 mm，层面上见白云母。

（14）灰紫色页岩：厚度 20.0 m，水平层理，页理厚度 2~10 mm，层理面上见白云母，含粉砂。

（15）灰色鲕粒灰岩：厚度 1.0 m，鲕粒大小 1 mm 左右，鲕粒含量 70% 左右，滴酸起泡剧烈，透镜体。

（16）灰绿色页岩：厚度 13.0 m，水平层理，页理厚度 2~10 mm，层理面上有大量白云母。地层产状 195°∠23°。

（17）灰绿色夹灰紫色页岩，厚度 20.0 m，水平层理，页理厚度 1~10 mm，层面上见大量白云母。地层产状 165°∠23°。

（18）青灰色泥质粉砂岩：厚度 10.0 m。

毛庄组（$\epsilon_2 m$）

（1）暗紫色粉砂质泥岩：厚度 3.5 m，含大量白云母，水平层理。纹理厚度 3~5 mm。该处地层明显受到过应力的挤压，分布杂乱，可能靠近断层。

（2）紫红色（猪肝色）泥岩：厚度 3.0 m，块状，风化后呈碎粒状。

（底未现）

二、其他地质现象

1. 辉绿岩岩脉

在该条线路上分布有大量的岩脉，辉绿岩主要分布在山坡的下部，辉绿岩规模相对较小，多顺层侵入。斑晶颗粒一般较小，多在 2 mm 以下。

2. 闪长玢岩岩脉

闪长玢岩主要分布在山坡的上部，规模较大，风化严重。呈灰绿色，风化后呈灰褐色。矿物颗粒的成分主要为角闪石和斜长石，角闪石呈柱状，斜长石多呈针状。

思 考 题

(1) 总结徐庄组地层的特征。

(2) 根据自己的观察,分析从徐庄组到张夏组沉积环境的演化。

(3) 根据自己的观察,总结辉绿岩和闪长玢岩的差别,分析其成因上是否有关系。

(4) 沿着山脚的小河沟踏勘一下,看看能不能找到断层的证据。

第五节　潮水峪东山寒武系中统—上统剖面及多种类型碳酸盐岩线路

地理位置：从潮水峪东山苹果园东北侧的山沟开始山，向西到小水库下游200 m处结束。

构造位置：柳江向斜东翼。

教学内容：（1）了解柳江盆地寒武系上统、中统的地层层序；

（2）观察、认识鲕粒灰岩、角砾状灰岩、竹叶状灰岩、藻灰岩、叠层石灰岩，并掌握碳酸盐岩的描述方法；

（3）观察、认识三叶虫化石。

一、寒武系中统—上统露头

从潮水峪东山苹果园东北侧的山沟出现寒武系中统张夏组（ϵ_2z）开始，沿向西南方向的山路上行到山梁上，出现寒武系上统崮山组（ϵ_3g），沿山路向西到山梁上看到叠层石灰岩，再沿山道下行，依次出现寒武系上统长山组（ϵ_3c）、凤山组（ϵ_3f），经过水坝，顺水坝下面的河沟到潮水峪村北侧的山沟中三条山道交汇处，再向西侧山坡前行30 m即可见寒武系的顶（附图4-5）。

自上至下地层层序为：

奥陶系（O）

下统（O_1）

冶里组（O_1y）

（上部未完）

紫红色角砾灰岩：厚度0.3 m，新鲜面上灰白色与紫红色交替，滴酸起泡，角砾多呈扁平状，厚2～5 mm，宽5～20 mm，大的宽度可达30 mm。扁平面基本沿层分布。地层产状274°∠19°。这是奥陶系和寒武系之间最为明显的标志，如果与下伏的凤山组（ϵ_3f）顶部黄绿色灰质泥岩组合在一起，二者之间岩性差别明显，很容易找到冶里组和凤山组的界限。

与下伏寒武系上统凤山组整合接触。

寒武系（∈）

上统（∈$_3$）

凤山组（∈$_3$f）

（1）灰绿色灰质泥岩：厚度 0.5 m，滴酸起泡微弱，水平层理，层理厚度 3～10 mm，新鲜面为灰绿色，风化后呈灰白色。地层产状 234°∠18°。

（2）灰白色灰岩与黄灰色泥质灰岩互层：厚度 2.8 m，水平层理。

（3）黄绿色泥灰岩与泥岩互层：厚度 12.5 m，水平层理，层理厚度 5～30 mm，中间夹多个角砾状灰岩透镜体，单个透镜体层厚 0.1～0.2 m，宽度 10 m 左右。

（4）黄绿色泥质灰岩：厚度 4.8 m，水平层理，层理厚度 3～20 mm。地层产状 280°∠15°。

（5）闪长玢岩岩脉：宽度 12.0 m，走向 25°。

（6）黄绿色泥质灰岩：厚度 2.3 m，水平层理，层理厚度 2～5 mm。

（7）灰绿色灰质泥岩和泥质灰岩条带互层：厚度 1.5 m，水平层、宽缓波纹层理，条带厚度 5 mm 左右。地层产状 287°∠15°。

（8）灰色泥灰岩夹薄层泥质条带：厚度 0.5 m，泥灰质条带厚度 1～3 mm，泥质条带厚度小于 0.5 mm。发育宽缓波纹层理，滴酸起泡较强。

（9）灰绿色泥质灰岩，厚度 0.3 m，纹理厚度 3～5 mm。

（10）灰白色角砾灰岩：厚度 0.3 m，角砾大小 0.5～3 cm，角砾呈饼状、团块状，略有磨圆，略定向排列。该层为透镜体，向两端尖灭，透镜体宽度 10 m 左右。

（11）灰绿色泥灰岩夹灰岩条带：厚度 1.0 m，水平层理，层理厚度 0.5 cm 左右。地层产状 280°∠15°。

（12）灰色灰岩：厚度 2.0 m，局部含泥质条带，中厚层块状。地层产状 270°∠21°。

（13）灰绿色泥灰岩：厚度 0.5 m，水平层理，层理厚度 0.5～1 cm，滴酸起泡。地层产状 265°∠12°。

（14）灰色灰岩：厚度 0.1 m，块状。

（15）灰绿色泥灰岩：厚度 20.0 m，水平层理，层理厚度 3～20 mm。地层产状 255°∠17°。

（16）黄绿色灰质泥岩：厚度 26.3 m，水平层理，层理厚度 5～20 mm，夹泥质灰岩透镜体、灰岩透镜体，见大量生物化石碎片，在灰岩透镜体上见波痕，波长 10 cm 左右，波高 2 cm，波峰走向 120°，南陡北缓。地层产状 285°∠16°。

（17）灰黄色角砾灰岩：厚度 0.15 m，角砾大小 5 mm×5 mm 到 100 mm×200 mm，杂乱分布。

（18）青灰色灰岩：厚度 1.2 m，滴酸起泡中等，水平层理，纹理厚度 5～10 mm，夹灰质泥岩条带，见生物扰动，生物潜穴。地层产状 312°∠17°。

（19）黄绿色灰质泥岩：厚度 7.8 m，滴酸起泡中等，水平层理，夹石灰岩透镜体，透镜体厚度 10 cm，宽 10 cm 左右。地层产状 285°∠26°。

（20）浅棕色竹叶状灰岩：厚度 3.5 m，颗粒长度 5～30 mm，宽度 5～40 mm，略定向排列。地层产状 252°∠21°。

（21）正长斑岩岩脉：宽度 10.0 m，走向 155°。

（22）灰白色灰质页岩：厚度 0.5 m，水平层理。

（23）灰白色角砾状灰岩：厚度 0.5 m，角砾厚度 0.5～1 cm，长度 3～10 cm，该层为透镜体。

（24）灰白色、灰绿色泥灰岩：厚度 0.5 m，水平层理，层理厚度 1～5 mm，滴酸起泡弱。

（25）竹叶状灰岩：厚度 1.5 m，角砾厚度 0.3～10 mm，长度 5～10 mm。地层产状 282°∠15°。

长山组（ϵ_3c）

（1）黄绿色灰质泥岩：厚度 1.3 m，水平层理，层理厚度 3～5 mm。

（2）灰色竹叶状灰岩：厚度 0.25 m，角砾厚度 2～5 mm，宽度 5～40 mm，该层为透镜体。

（3）棕色泥岩：厚度 5.6 m。地层产状 279°∠14°。

（4）紫红色角砾灰岩：厚度 0.5 m，角砾大小 15～25 mm。

（5）棕色泥岩：厚度 1.3 m。

（6）浅棕红色藻灰岩：厚度 0.2 m。

（7）紫红色角砾灰岩：厚度 0.3 m，角砾厚度 3～10 mm，宽 5～25 mm。

（8）黄绿色泥岩：厚度 1.2 m，水平层理。

（9）紫红色角砾灰岩：厚度 1.3 m，角砾大小 5～15 mm。

（10）黄绿色泥岩：厚度 0.8 m，水平层理。

（11）灰红色藻灰岩：厚度 0.5 m。

（12）黄绿色泥岩：厚度 1.2 m。

（13）黄红色藻灰岩：厚度 1.2 m。

（14）黄绿色泥岩：厚度 1.1 m，水平层理。

（15）黄红色藻灰岩：厚度 0.5 m。

（16）黄红色泥岩：厚度 0.3 m。

（17）紫红色角砾灰岩：厚度 0.5 m。

（18）黄绿色泥岩：厚度 2.2 m，水平层理。

（19）黄红色藻灰岩透镜体：厚度 0.15 m。

（20）黄绿色泥岩：厚度 0.5 m。

（21）紫红色竹叶状灰岩：厚度 0.4 m。

（22）黄绿色泥岩：厚度 2.2 m，水平层理。地层产状 250°∠31°。

（23）紫红色角砾灰岩：厚度 1.8 m。

（24）猪肝色泥岩：厚度 0.3 m，水平层理，纹理厚度 5 mm。

（25）紫红色角砾灰岩：厚度 0.6 m。地层产状 255°∠24°。

崮山组（$\epsilon_3 g$）

（1）紫红色泥岩：厚度 1.5 m，水平层理，层理厚度 5 mm 左右。

（2）紫红色竹叶状灰岩：厚度 0.5 m，角砾长 3～10 cm，厚 0.5～1 cm。

（3）紫红色泥岩：厚度 1.0 m，水平层理，层理厚度 1～3 cm。地层产状 95°∠11°。

（4）紫红色角砾灰岩：厚度 1.1 m，角砾大小 1～2 cm。

（5）紫红色灰岩：厚度 5.0 m。地层产状 260°∠13°。

（6）角砾灰岩：厚度 20.0 m，角砾大小 5～10 cm，含海绿石。

（7）紫红色竹叶状灰岩：厚度 2.0 m，角砾长 1～5 cm，厚 0.5～1 cm。

（8）紫红色泥岩：厚度 2.0 m，水平层理。

（9）紫红色块状石灰岩：厚度 1.5 m，滴酸起泡中等。

（10）紫红色泥岩：厚度 5.0 m，水平纹理，纹理厚度 2～5 mm，夹两层紫红色角砾状灰岩透镜体。

（11）紫红色藻灰岩：厚度 3.0 m，风化后呈豹斑状。

（12）紫红色灰岩：厚度 2.0 m，显晶质结构，晶体颗粒 1 mm 左右，含大量海绿石，含量 10% 左右，海绿石颗粒大小 0.5～1 mm。

（13）紫红色竹叶状灰岩，厚度 1.0 m，颗粒呈扁平竹叶状，颗粒厚度 0.5～2 cm，长度 3～10 cm。地层产状 220°∠15°。

（14）紫红色叠层石灰岩：厚度 0.5 m，丘状结构。

（15）紫红色角砾状灰岩：厚度 0.5 m。

（16）紫红色泥岩：厚度 20.0 m。

(17) 灰白色薄层石灰岩：厚度 8.0 m，隐晶质，滴酸起泡剧烈，夹泥质条带。地层产状 245°∠38°。

(18) 灰白色薄互层泥灰岩：厚度 2.0 m，水平层理，层理厚度 3～5 mm，滴酸起泡中等。

(19) 紫红色泥岩：厚度 1.0 m，水平层理，层理厚度 1～5 mm。

(20) 紫红色灰岩：厚度 5.0 m，微晶结构，滴酸起泡剧烈。

(21) 紫红色泥岩：厚度 4.0 m，含大量硅质结核，结核直径 2～5 cm。地层产状 240°∠22°。

(22) 紫红色角砾灰岩：厚度 5.0 m，角砾大小 2～10 cm，呈扁平状、竹叶状，两端有磨圆。

(23) 紫红色泥岩：厚度 10.0 m，水平层理，纹理厚度 3～5 mm。地层产状 240°∠27°。

与下伏中寒武统张夏组整合接触。

中统（ϵ_2）

张夏组（$\epsilon_2 z$）

(1) 灰色鲕粒灰岩：厚度 5.0 m，鲕粒大小 1～2 mm，鲕粒含量 40%，滴酸起泡剧烈。地层产状 240°∠25°。

(2) 深灰色灰岩：厚度 2.0 m，薄层状，微晶结构。

(3) 深灰色鲕粒灰岩：厚度 5.0 m，鲕粒含量 30% 左右，鲕粒大小 1 mm，中厚层状，滴酸起泡剧烈。地层产状 230°∠27°。

(4) 灰色生物碎屑岩：厚度 1.0 m，可见大量生物碎屑颗粒。

(5) 灰白色叠层石灰岩：厚度 3.0 m，波纹状、低幅丘状结构，滴酸起泡剧烈。地层产状 250∠23°。

(6) 灰色石灰岩：厚度 10.0 m，厚层块状，微晶结构。地层产状 260°∠23°。

(7) 深灰色鲕粒灰岩：厚度 15.0 m，鲕粒大小 1～1.5 mm，鲕粒含量 60% 左右。地层产状 250°∠30°。

(8) 灰绿色泥灰岩：厚度 5.0 m，水平层理，纹理厚度 3～20 mm，滴酸起泡，但不剧烈。

(9) 闪长玢岩侵入体：宽度 15.0 m，灰绿色，似斑状结构，颗粒主要为角闪石、斜长石，另有少量的正长石，斑晶含量 40% 左右，斑晶大小 1～5 mm，岩脉走向 85°。

(10) 灰绿色泥岩：厚度 0.5 m，水平层理，层理厚度 1～5 mm，由于岩浆的侵入、挤压、烘烤、破碎和变质作用，颜色变成了暗红色。

（11）灰白色鲕粒灰岩：厚度 0.5 m，鲕粒含量 60% 左右，鲕粒大小 1～1.5 mm，波纹层理，滴酸起泡剧烈。

（12）灰绿色泥岩：厚度 0.5 m，水平层理，层理厚度 3～20 mm。

（13）灰白色鲕粒灰岩：厚度 0.6 m，鲕粒大小 0.5～1 mm，鲕粒含量 30% 左右，地层产状 330°∠15°。

（14）灰绿色泥岩：厚度 0.5 m，水平层理，层理厚度 3～20 mm，局部夹石灰岩透镜体，透镜体厚度 8 cm，透镜体为鲕粒灰岩，鲕粒含量 10% 左右，鲕粒大小 0.5 mm 左右，滴酸起泡剧烈。

（15）灰白色石灰岩透镜体：厚度 0.1 m，延伸长度 5.0 m，滴酸起泡剧烈。

（16）灰绿色泥岩夹泥灰岩条带：厚度 0.8 m，水平层理，层理厚度 5～50 mm。（未到底）

二、其他地质现象

1. 藻灰岩

藻灰岩主要发育在崮山组和长山组，藻团粒密集堆积（图 4-13），个体大小 0.5～1.0 cm，有些杂乱堆积，有些略呈层状排列。

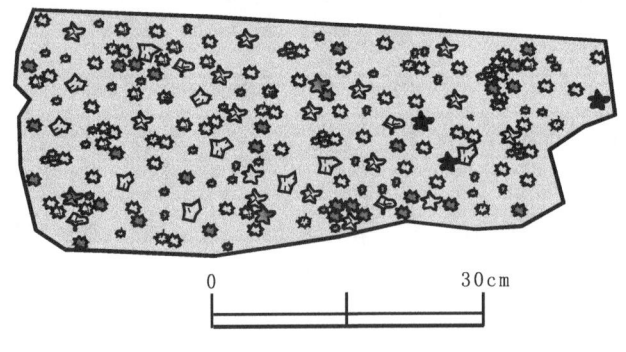

图 4-13　崮山组藻灰岩示意图

2. 叠层石灰岩

叠层石灰岩主要分布在张夏组和崮山组（图 4-14），两处叠层石灰岩的厚度都不大，但特征均比较明显。崮山组的叠层石灰岩为紫红色，形态上呈群柱状，柱宽 5～15 cm，柱高 0.5 m 左右，藻纹层的厚度 0.5～1 cm，藻纹层隆起的幅度 5～10 cm。张夏组叠层石灰岩为灰白色，形态上呈波状，藻纹层的厚度 0.3～0.5 cm，藻纹层隆起的幅度一般小于 3 cm。

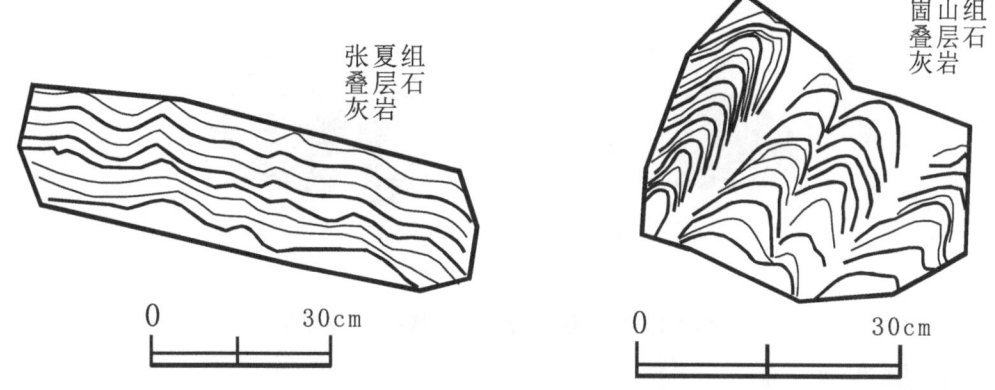

图 4-14 张夏组和崮山组叠层石的形态特征示意图

3. 鲕粒灰岩

在柳江盆地中，鲕粒灰岩主要发育在张夏组（图 4-15），徐庄组中只有少量的鲕粒灰岩透镜体。该处的鲕粒个体比较小，并且内部结晶程度比较高，薄片中观察，鲕粒内部多呈结晶后的放射状结构。

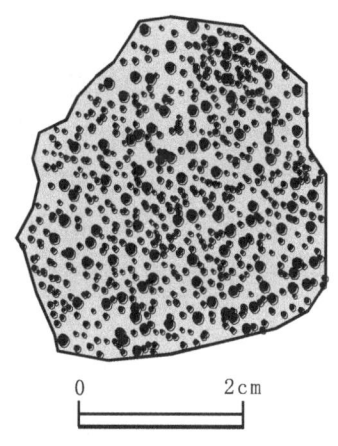

图 4-15 张夏组鲕粒灰岩示意图

4. 竹叶状灰岩和角砾状灰岩

在柳江盆地中，竹叶状灰岩和角砾状灰岩十分发育，竹叶状灰岩主要发育在寒武系崮山组、长山组、凤山组和奥陶系亮甲山组，角砾状灰岩主要发育在寒武系崮山组、长山组、凤山组、奥陶系冶里组和亮甲山组。

竹叶状灰岩的颗粒呈长条状，两端有磨圆，状似竹叶（图4-16），大小相对均匀，并且呈一定的趋势性排列，颗粒间被隐晶质灰质充填或泥灰质充填。角砾状灰岩的颗粒呈棱角状（图4-16），大小混杂，排列无序，颗粒间常被更小的砾屑充填或隐晶质灰质充填。

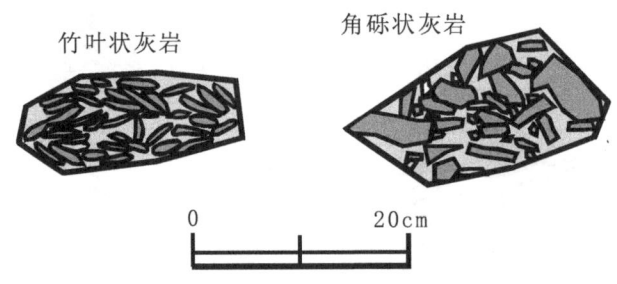

图 4-16 竹叶状灰岩和角砾状灰岩示意图

5. 硅质结核

在崮山组底部的棕红色泥岩中分布有大量的硅质结核，个体大小 2.0～10.0 cm，多呈球状、椭球状、饼状，表面光滑，密度大，质地坚硬。镜下观察硅藻含量比较高。

6. 正长斑岩岩脉

正长斑岩岩脉分布在潮水峪东北方向去往山上的小路上，侵入在凤山组地层中。侵入宽度 10.0 m 左右，走向 155°，延伸长度大于 50 m。斑状结构，斑晶主要是正长石。表面风化比较严重。

7. 闪长玢岩岩脉

闪长玢岩岩脉有两处分布，一处是位于潮水峪正北侧的山沟中，在凤山组地层中，另一处分布在潮水峪东北侧苹果园后面的山沟中，规模比较大，宽度 15.0 m，延伸方向 85°，延伸长度大于 100 m。灰绿色，似斑状结构，斑晶主要为角闪石，斜长石，另有少量的正长石，斑晶含量 40% 左右，斑晶大小 1～5 mm。

思 考 题

（1）总结鲕粒灰岩的特点，分析其成因。
（2）总结竹叶状灰岩的特点和成因。
（3）根据自己的观察，总结藻灰岩、叠层石灰岩的特征，分析成因环境。
（4）查阅资料分析崮山组下部硅质结核的成因。

第六节　潮水峪北山奥陶系下统—中统剖面以及生物化石线路

地理位置：潮水峪北山。

构造位置：柳江向斜东翼。

教学内容：（1）了解奥陶系的地层特征；

（2）掌握断层的观察、测量、描述方法；

（3）认识生物碎屑灰岩，了解奥陶纪的生物特征；

（4）掌握化石标本的采集方法。

一、奥陶系下统—中统露头

潮水峪村沿沟而建，村北的地貌是三道山岭夹两条沟。从东侧沟开始是奥陶系冶里组（O_1y）的起点，翻过中间的山梁，越过西侧沟，再到西侧山坡是亮甲山组（O_1l）的起点，到山梁顶部过渡为奥陶系中统马家沟组（O_2m），继续向西北方向，直至碳酸盐岩露头结束，出现不整合面，整个奥陶系结束（附图4-6）。后面出现的是上古生界石炭系中统本溪组（C_2b）砂泥岩地层。

自上而下地层层序为：

上古生界（Pz_2）

石炭系（C）

中统（C_2）

本溪组（C_2b）

（上部未完）

铁质鲕粒粉砂岩：厚度1.5 m，黄褐色，铁质鲕粒含量30%左右，鲕粒直径0.5～1.0 mm，泥质含量高，见大量的铁质结核，结核直径1.0～5.0 cm。

与下伏下古生界奥陶系马家沟组平行不整合接触。

———————————————— 平行不整合 ————————————————

下古生界（Pz₁）

奥陶系（O）

中统（O₂）

马家沟组（O₂m）

（1）黄绿色、土黄色泥质白云岩：厚度 9.5 m，水平层理、波纹层理，层理厚度 3～30 mm，层面见波痕。地层产状 277°∠27°。

（2）灰白色白云岩：厚度 32.7 m，滴酸起泡微弱。地层产状 274°∠16°。

（3）灰白色灰质白云岩：厚度 2.8 m，滴酸起泡中等。

（4）白云质灰岩：厚度 2.1 m，青灰色，见生物化石，生物扰动，滴酸起泡中等，含燧石条带。地层产状 270°∠13°。

（5）青灰色白云质灰岩：厚度 3.1 m，见生物扰动。

（6）灰色豹皮白云质灰岩：厚度 0.4 m。

（7）灰白色白云质灰岩：厚度 1.3 m，滴酸起泡中等。

（8）灰白色白云岩：厚度 1.3 m，水平层理，层理厚度 5～10 cm。地层产状 288°∠16°。

（9）灰白色白云岩：厚度 0.4 m，滴酸起泡弱，含燧石结核条带和结核。地层产状 285°∠19°。

与下伏的下统亮甲山组整合接触。

下统（O₁）

亮甲山组（O₁l）

（1）黄灰色灰岩：厚度 1.7 m，见生物扰动和潜穴，含燧石结核。

（2）灰色虫孔灰岩：厚度 5.0 m，含燧石结核和条带。地层产状 290°∠20°。

（3）灰色生物碎屑灰岩：厚度 1.6 m，含燧石条带和结核。

（4）黄灰色虫孔灰岩：厚度 2.9 m。

（5）黄灰色微晶灰岩：厚度 4.2 m，水平层理，纹理厚度 10～20 mm，生物扰动构造发育。地层产状 294°∠15°。

（6）黄灰色虫孔灰岩：厚度 2.5 m。

（7）黄灰色豹皮灰岩：厚度 1.8 m。

（8）黄灰色虫孔灰岩：厚度 31.5 m，见生物潜穴，生物扰动。地层产状 280°∠16°。

（9）黄灰色角砾灰岩：厚度 0.1 m，角砾多呈扁平状，厚 2～3 mm，宽 5～20 mm，沿层面分布。

（10）灰白色灰岩：厚度 0.9 m，波纹层理，纹层厚度 5～10 mm。

（11）灰色虫孔灰岩：厚度 2.6 m，中厚层状。

（12）灰色角砾灰岩：厚度 0.2 m，角砾厚 2～5 mm，宽 5～30 mm。地层产状 276°∠18°。

（13）黄灰色虫孔灰岩：厚度 1.7 m。

（14）灰白色角砾灰岩：厚度 0.2 m，角砾厚 3～10 mm，宽 10～50 mm，略定向排列。

（15）黄绿色泥质灰岩与灰岩互层：厚度 0.4 m，间互厚度 10 mm 左右，水平层理。

（16）黄灰色虫孔灰岩：厚度 0.3 m。

（17）黄绿色泥质灰岩夹泥质条：厚度 0.4 m，条带厚 5～20 mm。

（18）灰色薄层石灰岩：厚度 0.2 m。

（19）黄灰色角砾灰岩：厚度 0.2 m，角砾厚 3～5 mm，宽 5～50 mm，定向排列，夹有泥质条带。

（20）黄绿色泥质灰岩夹泥质条带：厚度 0.3 m，水平层理，纹理度 3～10 mm。

（21）灰色块状灰岩：厚度 0.7 m，滴酸起泡剧烈。地层产状 270°∠18°。

（22）黄灰色角砾灰岩：厚度 3.8 m，中厚层状，角砾厚 3～5 mm，宽 10～30 mm，略定向排列，夹有泥质团块。

冶里组（O_1y）

（1）黄绿色泥质灰岩：厚度 0.5 m，夹泥岩条带，水平层理，层理厚 5～10 mm，滴盐酸起泡微弱。

（2）灰白色灰岩：厚度 2.3 m，中厚层状，微晶结构，含海绵骨针化石，滴盐酸起泡中等，含有泥质斑块，斑块大小 3～5 mm。地层产状 281°∠12°。

（3）泥质灰岩：厚度 1.8 m，水平层理，层理厚 5 mm 左右。

（4）灰黄色泥质条带灰岩：厚度 1.1 m，水平层理，层理厚 1～5 cm。地层产状 281°∠14°。

（5）青灰色石灰岩：厚度 6.0 m，中厚层块状，滴酸起泡剧烈。

（6）灰色灰岩：厚度 2.0 m。

（7）含泥质团块灰岩：厚度 13.0 m，水平层理，层理厚 3～5 cm。

（8）灰色块状灰岩：厚度 10.5 m，滴酸气泡剧烈。地层产状 259°∠20°。

（9）灰白色块状灰岩：厚度 5.0 m。

（10）灰色泥质灰岩：厚度 0.3 m，水平层理，层理厚 1 cm 左右。

（11）黄绿色灰质泥岩：厚度 0.5 m，水平层理，层理厚 3～5 mm。

（12）灰白色灰岩：厚度 0.3 m，块状。

（13）灰色灰岩：厚度 1.5 m，水平层理，层理厚 5～10 mm。

（14）角砾状灰岩：厚度 0.2 m，角砾大小 0.5 cm×3 cm，杂乱分布。

（15）灰白色泥质灰岩：厚度 0.8 m，滴酸起泡中等。地层产状 254°∠19°。

（16）灰白色灰质泥岩：厚度 0.2 m，滴酸起泡弱，水平层理，层理厚 3～5 mm。

（17）泥质条带灰岩：厚度 0.2 m，水平层理，层理厚 3～5 cm。

（18）灰色角砾状灰岩：厚度 0.2 m，角砾厚 3～5 mm，宽度 10～30 mm，扁平状，杂乱分布，滴酸起泡中等。

（19）灰黄色灰质泥岩：厚度 5.0 m，水平层理。

（20）辉绿岩岩脉：侵入宽度 30.0 m。

（21）灰色泥质灰岩：厚度 0.3 m，见生物潜穴、生物扰动，滴酸起泡中等，水平层理，层理厚度 3～8 cm。地层产状 233°∠14°。

（22）灰色块状灰岩：厚度 5.3 m，滴酸起泡剧烈，夹有灰黄色亮晶灰岩，局部夹黄色泥质条带，水平层理。

（23）灰白色角砾灰岩：厚度 1.0 m，角砾呈杂乱分布，角砾大小 3 mm×5 mm～20 mm×30 mm。地层产状 300°∠19°。

（24）紫红色角砾灰岩：厚度 0.4 m，角砾大小 3 mm×5 mm～30 mm×50 mm，略定向排列。地层产状 300°∠19°。

（25）黄绿色页岩：厚度 0.2 m，页理厚 1 mm 左右。

（26）灰白色泥质灰岩：厚度 0.8 m，滴酸起泡中等，发育波纹层理、透镜层理、水平层理，夹有泥质条带。

（27）黄绿色泥岩：厚度 2.3 m，灰质泥岩滴酸起泡微弱，水平层理，层理厚 2～5 mm。

（28）灰色角砾状灰岩：厚度 1.1 m，角砾大小 3 mm×3 mm～10 mm×20 mm。地层产状 284°∠23°。

（29）灰色灰岩：厚度 1.7 m，水平层理，层理厚 5～20 mm。地层产状 270°∠21°。

（30）灰色角砾状灰岩：厚度 0.7 m，角砾大小 0.5 mm×0.5 mm～20 mm×40 mm，无定向排列。

（31）青灰色灰岩：厚度 2.4 m，滴酸起泡剧烈，水平层理，层理厚 10～20 mm。地层产状 289°∠17°。

（32）灰色灰岩：厚度 3.2 m，滴酸起泡中等。地层产状 285°∠24°。

（33）灰白色灰岩：厚度 0.3 m，夹泥质条带，水平层理，层理厚 5～10 mm。地层产状 280°∠20°。

（34）灰色角砾灰岩：厚度 0.5 m，角砾大小 3 mm×5 mm～10 mm×30 mm。无定向排列。

（35）黄绿色灰质泥岩：厚度 0.5 m，滴酸起泡中等。

（36）青灰色块状灰岩：厚度 1.5 m，层面见生物扰动、生物潜穴。地层产状 280°∠24°。

（37）青灰色灰岩夹泥质条带：厚度 1.5 m。地层产状 289°∠25°。

（38）灰白色生物碎屑灰岩：厚度 0.5 m。

（39）灰色灰岩：厚度 30.0 m，滴酸起泡剧烈，见宽缓波纹状层理，层理厚 1～8 cm，见生物扰动，层面见波痕。地层产状 301°∠15°。

（40）灰白色灰岩：厚度 9.0 m，块状，致密，坚硬。地层产状 315°∠11°。

（41）角砾灰岩：厚度 0.3 m，新鲜面灰白色与紫红色互层，角砾扁平状，角砾厚 2～5 mm，宽 5～20 mm，大的角砾宽度可达 30 mm，基本呈层状分布。地层产状 274°∠19°。

与下伏的寒武系整合接触。

寒武系（ϵ）

上统（ϵ_3）

凤山组（$\epsilon_3 f$）

灰色灰质泥岩：厚度 0.5 m，滴酸起泡微弱，水平层理，层理厚度 3～10 mm，新鲜面为灰色，风化后呈灰白色。地层产状 234°∠18°。

（下部未完）

二、其他地质现象

1. 辉绿岩岩脉

灰绿色，辉绿结构，似斑状结构，块状构造。斑晶为辉石，斜长石，斑晶含量 40% 左右，斑晶大小 1～5 mm。基质为墨绿色，隐晶质结构。岩脉风化后呈棕褐色。走向 57°，宽度 95 m，延伸长度超过 300 m。

2. 断层

（1）低角度逆断层

潮水峪西北后山，北纬 40°8′14″，东经 119°36′9″。在亮甲山组顶部发育一条小型逆断层（图4-17），断层走向198°，倾向288°，倾角20°，重复段2.3 m左右。

上盘自上而下依次为生物碎屑灰岩，厚度1.1 m，地层产状285°∠27°；灰白色虫孔灰岩，顶部含燧石结核和燧石条带，厚度1.2 m。下盘自上而下依次为生物碎屑灰岩，厚度2.0 m；灰白色虫孔灰岩，厚度1.5 m，顶部含燧石结核和燧石条带，地层产状290°∠18°。

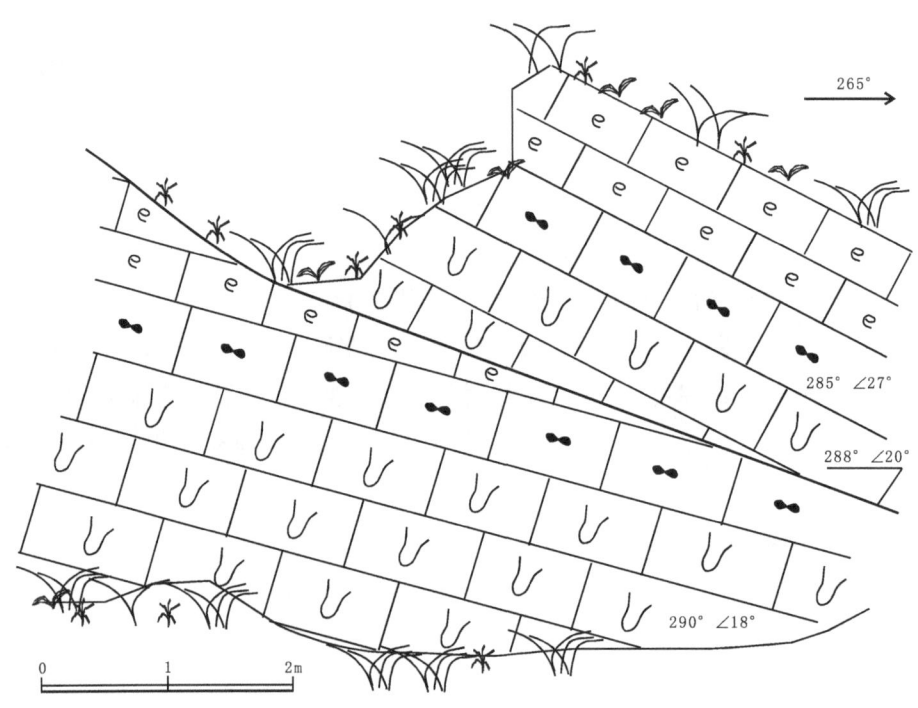

图4-17 潮水峪北山亮甲山组顶部发育的逆断层剖面示意图

（2）高角度正断层

在潮水峪北侧河沟东侧冶里组发育一条近直立的正断层（图4-18），断层走向210°，倾向30°，倾角81°。地点是北纬40°8′7″，东经119°36′31″。

在南盘（下盘）的断面上有清晰的擦痕和阶步，擦痕呈倾斜状，倾角65°，阶步的陡坎指向下方，说明上盘是向下运动的，因此判断为正断层。断层面上有断层角砾发育，角砾最大20 cm×10 mm。北盘地层中，发育辉绿岩岩脉，厚0.6 m，终止于断层面。断层两盘的标志层不明显，判断断距大小比较困难，但根据上盘有岩脉，下盘没有岩脉出露这一现象，说明下盘的岩脉已经被风化掉了，这样分析，断层至少大于5 m。

该区的岩性自上而下依次为：（1）青灰色隐晶质灰岩，厚度4.0 m，下部为块状，顶部水平层理。（2）辉绿岩，厚0.6 m，辉绿结构，似斑状结构，斑晶为辉石，斜长石，斑晶含量35%左右，斑晶大小1～4 mm；（3）青灰色块状隐晶质灰岩，厚度2.0 m。

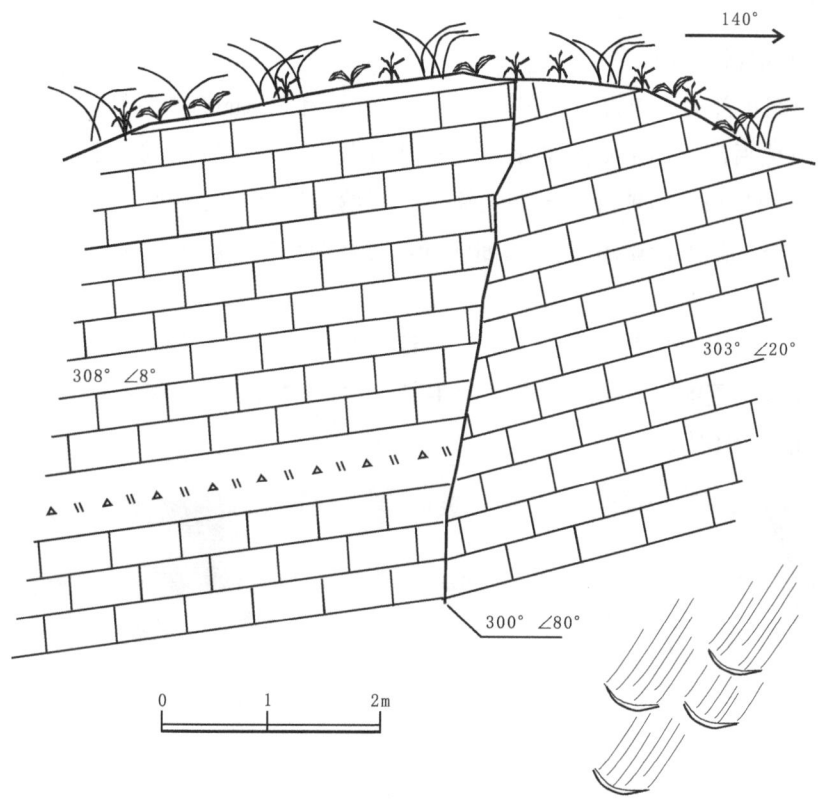

断层面南盘上的擦痕和阶步

图 4-18 潮水峪冶里组中发育的高角度正断层剖面示意图

3. 石灰岩表面的波痕

在冶里组中部的石灰岩地层层面上发育有大型波痕（图 4-19），波长 11 cm，波高 4～5 cm，波痕的走向 105°，陡坡倾斜方向 15°，缓坡倾斜方向 195°。

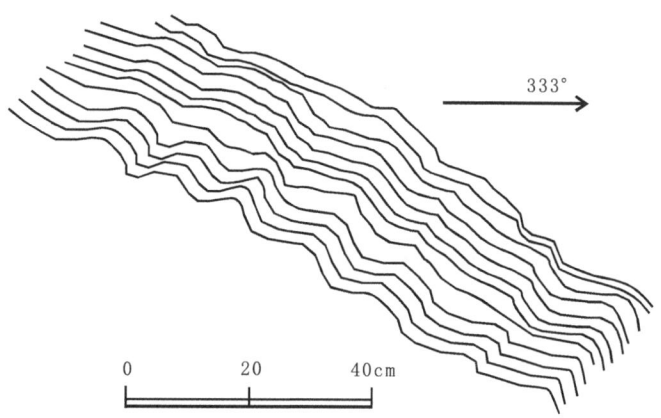

图 4-19 潮水峪北山冶里组地层中发育的波痕示意图

4. 海绵骨针化石和蛇卷螺化石

（1）海绵骨针化石

在冶里组顶部的石灰岩、泥灰岩地层中，分布有大量的海绵骨针化石（图4-20），特别是在风化后的层面上更加清晰。化石杂乱分布，有呈针状的、十字形的，也有呈树枝状的；有些一端钝圆，一端尖锐，有些两端钝圆，有些两端尖锐；个体大小不一，最小的只有 2 mm，最大可达 80 mm，骨针的直径一般 1～3 mm。

（2）蛇卷螺化石

在潮水峪亮甲山组上部地层中发育一套生物碎屑灰岩，岩石中有大量生物化石，其中保存比较完整的化石是蛇卷螺（图4-21），而且数量很多。蛇卷螺化石个体大小 0.5～4 cm，可识别出 3～4 个螺环。

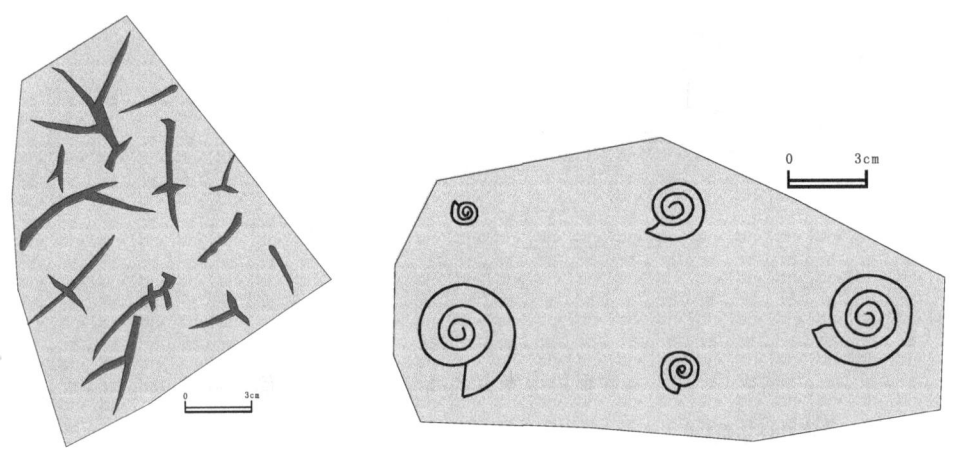

图 4-20 海绵骨针化石示意图　　　图 4-21 蛇卷螺化石示意图

思 考 题

（1）总结冶里组、亮甲山组、马家沟组的地层特征。

（2）自己测量波痕的形态特征，分析当时的海陆方向。

（3）根据自己的观察，分析从冶里组到马家沟组沉积环境的演化规律。

（4）如何通过露头中地层的重复和缺失判断断层的性质？

第七节　亮甲山奥陶系下统—中统剖面及基性侵入岩岩床线路

地理位置：石门寨镇西北亮甲山。

构造位置：柳江向斜东翼。

教学内容：（1）了解亮甲山组的地层特征；

（2）掌握碳酸盐岩的观察、描述方法；

（3）认识不同类型的碳酸盐岩；

（4）观察、认识辉绿岩。

一、奥陶系下统—中统露头

在亮甲山地区主要出露的是奥陶系下统和中统地层。1919 年，地质学家叶良辅和刘季辰首先提出了"亮甲山灰岩"；1922 年，德国地质学家马底幼在《直隶林榆县附近地质》中采用了"亮甲山灰岩"这一名称，同年，美国地质学家葛利普在《中国古生物志》中列出了"亮甲山灰岩"；1959 年，全国第一次地层会议确定了"亮甲山组"地层。

从采石场底部开始是奥陶系下统冶里组（O_1y）的顶部地层，自下而上可以看到两层泥灰岩薄层，上部的泥灰岩层是冶里组和亮甲山组（O_1l）的界限，向上追踪，当看到燧石结核时就到了亮甲山组的顶部，继续向上，如果岩石新鲜面的颜色由深灰色转变为灰白色时，就进入了奥陶系中统马家沟组（O_2m）（附图 4-7）。

自上而下地层层序为：

奥陶系（O）

中统（O_2）

马家沟组（O_2m）

（上部未完）

（1）灰白色白云岩：厚度 15.0 m，厚层块状。

（2）灰白色含燧石结核白云岩：厚度 2.0 m，厚层块状，燧石结核大小 0.5 cm×1 cm。

与下伏的奥陶系下统亮甲山组整合接触。

下统（O_1）

亮甲山组（O_1l）

（1）深灰色含燧石结核条带灰岩：厚度 1.0 m，块状，燧石结核最大可达 0.5×2 cm。

（2）灰白色虫孔灰岩：厚度 10.0 m。

（3）含燧石结核灰岩：厚度 5.0 m，燧石结核大小 $1 \sim 2$ cm。

（4）深灰色石灰岩：厚度 25.0 m，厚层块状。

（5）灰色灰岩：厚度 3.0 m，厚层块状，虫孔发育。

（6）泥质条带灰岩，厚度 15.0 m。

（7）青灰色灰岩：厚度 2.5 m，厚层块状。

（8）辉绿岩岩脉：顺层侵入，厚度 2.5 m，接触面上围岩有热变质作用。

（9）深灰色灰岩：厚度 1.5 m，块状。

（10）灰白色虫孔灰岩：厚度 2.0 m，生物潜穴发育。

（11）灰黄色泥质条带灰岩：厚度 2.1 m。

（12）深灰色石灰岩：厚度 0.2 m，块状，致密均匀。

（13）角砾状灰岩：厚度 0.1 m，有些呈竹叶状，两端有磨圆。

（14）灰白色虫孔灰岩：厚度 2.0 m，虫孔直径 $3 \sim 5$ mm，深度 $2 \sim 5$ cm，有垂直状、倾斜状。发育水平层理，层理厚度 $3 \sim 5$ cm。

（15）角砾状灰岩：厚度 0.1 m，角砾大小 0.5 cm$\times 1$ cm ~ 0.5 cm$\times 3$ cm，有些呈竹叶状，两端有磨圆。

（16）灰白色虫孔灰岩：厚度 0.3 m。

（17）角砾状灰岩：厚度 0.1 m，角砾多呈棱角状，杂乱排列。

（18）泥质条带灰岩：厚度 1.0 m，水平层理，层理厚度 $0.5 \sim 2$ cm，虫孔发育。

（19）灰色灰岩：厚度 0.5 m，虫孔发育。

（20）灰白色泥质条带灰岩：厚度 0.1 m，水平层理，层理厚度 $0.5 \sim 1$ cm。

（21）灰白色石灰岩：厚度 0.3 m，虫孔发育。

（22）灰白色薄层状石灰岩：厚度 0.2 m，水平层理，层理厚度 $1 \sim 3$ cm，虫孔发育。

（23）灰白色石灰岩：厚度 0.1 m，虫孔发育。

（24）灰黄色泥质条带灰岩：厚度 2.0 m，虫孔发育，滴酸起泡剧烈。

（25）灰色角砾状灰岩：厚度 0.2 m，滴酸起泡剧烈。

（26）灰白色薄层状石灰岩：厚度 0.5 m，水平层理，层理厚度 $5 \sim 10$ cm，滴酸起泡剧烈，见虫孔，直立或倾斜状。

（27）角砾状灰岩：厚度 0.1 m，角砾大小 1～2 cm，两端有磨圆，滴酸起泡剧烈。

（28）灰白色薄层状石灰岩：厚度 0.4 m，水平层理，层理厚度 5～10 cm，滴酸起泡剧烈，见虫孔。

（29）灰白色石灰岩：厚度 1.2 m，块状，滴酸起泡剧烈。

（30）灰白色豹皮灰岩：厚度 1.6 m，块状，滴酸起泡剧烈，见虫孔。

（31）灰白色薄层状石灰岩：厚度 0.4 m，水平层理，层理厚度 5 cm 左右，滴酸起泡剧烈。

（32）灰色隐晶质灰岩：厚度 1.0 m，块状，滴酸起泡剧烈。

（33）薄层状水平层理灰岩：厚度 1.5 m，层理厚度 2～3 cm，滴酸起泡剧烈。

（34）灰白色豹皮灰岩：厚度 0.4 m，滴酸起泡剧烈。

（35）水平层理灰岩：厚度 0.7 m，水平纹理，纹理厚度 1～3 cm，滴酸起泡剧烈。

（36）灰白色灰岩：厚度 1.8 m，块状，滴酸起泡剧烈。

（37）灰黄色泥质条带灰岩：厚度 0.4 m，滴酸起泡剧烈。

（38）灰白色波纹状灰岩：厚度 0.3 m，滴酸起泡剧烈。

（39）灰白色竹叶状灰岩：厚度 0.4 m，颗粒大小 4 cm×0.6 cm，两端有磨圆，多呈竹叶状，大部分沿层面分布，个别倾斜状分布，滴酸起泡剧烈。

（40）波纹状灰岩：厚度 1.0 m，波纹厚度 0.5～3 cm，滴酸起泡剧烈。

（41）灰色灰岩：厚度 0.7 m，块状，局部夹豹皮灰岩，滴酸起泡剧烈。

（42）泥质条带灰岩：厚度 0.3 m，泥质条带部分呈灰黄色，滴酸起泡微弱，灰质条带呈灰色，滴酸起泡中等。

（43）角砾状灰岩：厚度 0.2 m，角砾大小 1～3 cm，扁平状，沿层面分布，两端略有磨圆。

冶里组（O_1y）

（1）泥质条带灰岩：厚度 0.4 m，泥质条带部分呈灰黄色，滴酸起泡微弱，灰质条带呈灰色，滴酸起泡中等。

（2）灰白色、灰绿色灰质页岩：厚度 0.3 m，页理厚度 1～3 mm，滴酸气泡微弱。

（3）灰白色灰岩：厚度 1.5 m，水平层理、波状层理，新鲜面为灰黑色，风化面为灰白色，滴酸起泡剧烈。

（4）灰色、灰白色泥灰质页岩：厚度 0.3 m，水平层理，层理厚度 3～5 mm，滴酸起泡，但不剧烈。

（5）灰色灰岩：厚度 1.2 m，微晶结构，新鲜面为灰色，风化面为灰白色，块状，滴酸起泡剧烈。

（6）灰色灰岩：厚度 0.9 m，波状层理，水平层理，层理厚度 5～8 cm，滴酸起泡剧烈。

（7）灰色灰岩：厚度 1.5 m，中厚层块状，滴酸起泡剧烈。

（下部未完）

二、辉绿岩岩床

在亮甲山组上部地层中，分布一层厚度 2 m 左右，顺层侵入的辉绿岩岩床（图 4-22），剖面上延伸长度大于 200 m。暗绿色，中细粒结构、辉绿结构、似斑状结构，块状构造。主要成分为辉石和斜长石，辉石颗粒大小 1～4 mm，黑色，呈粒状、短柱状，含量 35% 左右；斜长石灰白色，呈针状，颗粒大小 1～3 mm，含量小于 15%。不同地段岩石结构差别比较大，有些地段颗粒粗大，呈中粒结构，有些地段颗粒细小，呈细粒结构。斜长石的含量变化也比较大，属于浅成相的基性侵入岩。

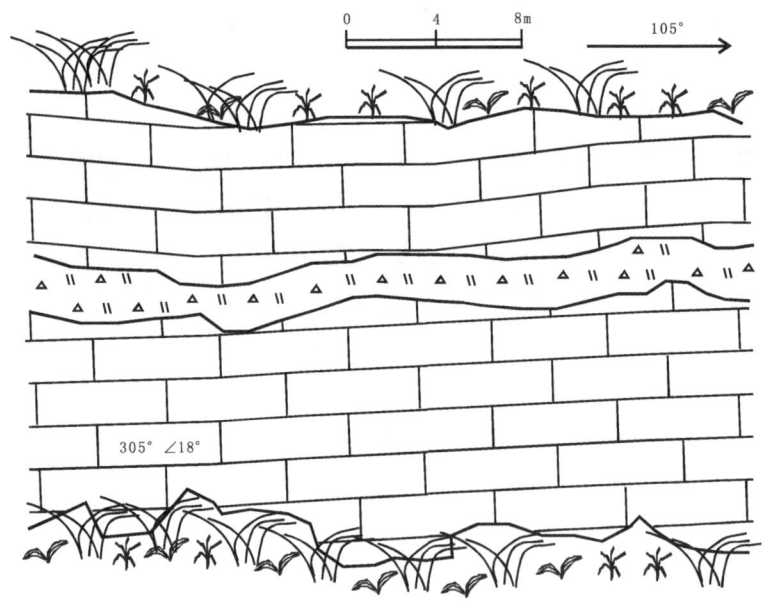

图 4-22 亮甲山辉绿岩岩床剖面示意图

三、低幅度背斜构造

在采石坑东侧岩壁上，冶里组地层顶部可以看到一个平缓的背斜构造（图 4-23），轴向 19°，东翼走向 17°，倾向 107°，倾角 16°；西翼走向 19°，倾向 289°，倾角

20°。背斜宽度 15 m，隆起幅度 2 m 左右。

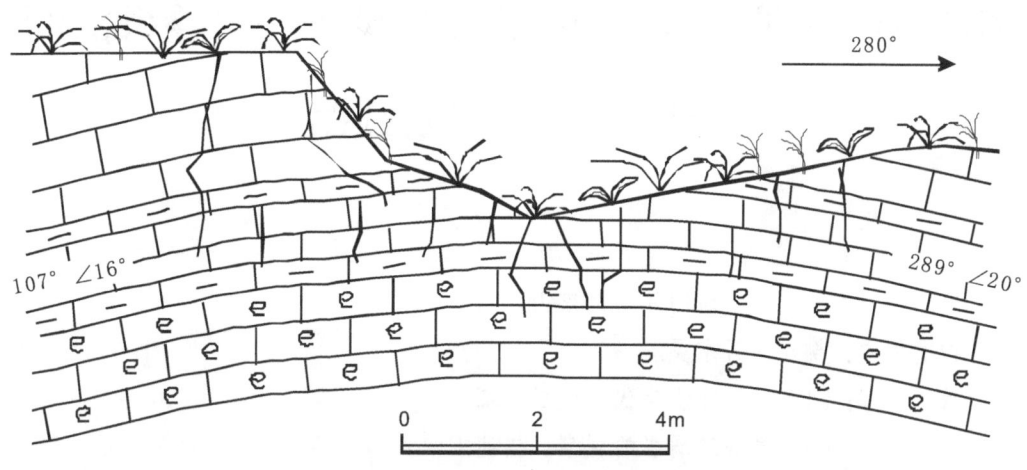

图 4-23 冶里组顶部低幅度背斜构造

思 考 题

（1）总结亮甲山组的地层特点。
（2）根据自己的观察，分析碳酸盐岩中燧石结核或燧石条带的成因。
（3）根据自己的观察，总结亮甲山地区角砾状灰岩的特点，分析其成因。
（4）总结虫孔灰岩的特征，分析其形成的环境条件。

第八节　石门寨西—瓦家山石炭系—二叠系剖面及球状风化现象线路

地理位置：石门寨镇西门外到瓦家山。

构造位置：柳江向斜东翼。

教学内容：（1）了解晚古生代的地层特征；

　　　　　（2）掌握碎屑岩的观察、描述方法；

　　　　　（3）观察平行不整合的地层接触关系；

　　　　　（4）观察球状风化。

一、石炭系—二叠系露头

在石门寨西门外的点将台出露的是奥陶系马家沟组白云岩，自东向西在 2000 m 的路线上出露了中奥陶统马家沟组（O_2m）、中石炭统本溪组（C_2b）、上石炭统太原组（C_3t）、下二叠统山西组（P_1s）和下石盒子组（P_1x）、上二叠统上石盒子组（P_2s）和石千峰组（P_2sh）、下侏罗统下花园组（J_1x）。记录了从早古生代到中生代华北地区的海陆变迁和气候演化。是国内在较小的范围内出露的地层最全、最连续的地层剖面（附图 4-8）。

中生界（mz）

侏罗系（J）

下统（J_1）

下花园组（J_1x）

（上部未完）

灰色含砾砂岩：厚度 3.3 m，砾石粒径一般 2～3 mm，最大可达 5 mm。地层产状 282°∠28°。

与下伏二叠系石千峰组角度不整合接触。

~~~~~~~~~~~~~~~~~~~ 角度不整合 ~~~~~~~~~~~~~~~~~~~

上古生界（Pz_2）

二叠系（P）

上统（P$_2$）

石千峰组（P$_2$sh）

（1）紫红色中粒、细粒长石石英杂砂岩：厚度 3.7 m。

（2）紫红色粉砂岩：厚度 2.8 m，薄层状。

（3）紫红色细砂岩：厚度 1.0 m。地层产状 282°∠33°。

（4）辉绿岩岩脉：宽度 4.3 m。

（5）紫红色细粒长石砂岩：厚度 1.5 m。

（6）灰绿色中粗砂岩：厚度 4.5 m，夹薄层紫红色细粒长石石英砂岩。地层产状 282°∠30°。

（7）褐色中细砂岩：厚度 5.6 m，顶部为紫红色泥岩。地层产状 282°∠30°。

（8）辉绿岩岩脉：宽度 3.2 m。

（9）灰紫色细砂岩：厚度 8.9 m，局部夹泥岩。

（10）紫红色细砂岩：厚度 2.2 m。

（11）紫红色粉砂岩：厚度 7.7 m。地层产状 291°∠26°。

（12）灰紫色中粒岩屑石英砂岩：厚度 3.4 m。地层产状，291°∠21°。

（13）紫红色中细砂岩、粉砂岩、泥岩：厚度 6.8 m，底部为紫红色中细砂岩，中上部为紫红色粉砂岩，顶部为紫色泥岩夹灰白色泥岩。地层产状 291°∠25°。

（14）褐绿色含砾砂岩：厚度 1.8 m，砾石颗粒主要为石英，磨圆程度高，粒径一般 3～5 cm。

（15）紫红色泥岩：厚度 3.5 m。

（16）中粗粒长岩石石英杂砂岩：厚度 5.7 m，中下部为褐色中厚层中粗粒长石石英杂砂岩，上部为深灰色泥岩夹炭质泥岩，含植物化石。

（17）深灰色泥岩：厚度 5.0 m，夹绿色中细砂岩，含植物化石。

（18）深灰色泥岩：厚度 3.1 m，富含植物化石。地层产状 274°∠24°。

（19）灰绿色中、细粒杂砂岩：厚度 4.3 m。

（20）深灰色泥岩：厚度 1.5 m，含植物化石。地层产状 274°∠23°。

（21）灰绿色细砂岩：厚度 1.0 m。

（22）深灰色粉砂质泥岩：厚度 1.4 m，富含植物化石。

（23）褐绿色细砂岩与粉砂质泥岩互层：厚度 2.3 m。地层产状 274°∠24°。

（24）褐绿色含砾粗粒杂砂岩：厚度 1.0 m。

（25）紫红色中、粗砂岩：厚度 3.8 m，局部含砾石。

（26）褐色中粒杂砂岩：厚度 1.3 m，局部夹砾岩，碎屑颗粒中石英含量 30%，长石 20%，岩屑 40%，另有少量其他矿物。分选性差，磨圆程度低。

（27）灰绿色中细砂岩：厚度 5.5 m。地层产状 274°∠24°。

（28）褐色中粗粒长石砂岩：厚度 5.5 m。

（29）褐色含砾粗砂岩：厚度 3.2 m。

（30）灰绿色泥岩夹紫红色泥岩和薄层细砂岩：厚度 2.4 m。地层产状 267°∠23°。

（31）灰绿色中砂岩：厚度 2.9 m。

（32）灰绿色中、细砂岩：厚度 3.5 m。

（33）深灰色泥岩夹紫红色泥岩：厚度 2.0 m。地层产状 267°∠23°。

（34）黄绿色泥岩与紫红色泥岩互层：厚度 8.1 m。

（35）紫红色泥岩：厚度 3.3 m，夹黄绿色泥岩。

（36）灰白色中粗粒砂岩：厚度 1.7 m，石英含量 40%，长石 20%，其他成分 40%，颗粒呈次棱角状～次圆状，分选中等。地层产状 267°∠22°。

（37）辉绿岩岩脉：宽度 3.5 m。

（38）紫红色粗砂岩、中细砂岩：厚度 9.7 m，中下部为紫红色粗砂岩夹砾岩，中上部为紫红色中细砂岩。地层产状 267°∠20°。

（39）灰紫色细砂岩：厚度 10.1 m，中部夹砾岩透镜体。

（40）褐色含砾粗砂岩：厚度 13.2 m，发育大型板状交错层理。

（41）紫红色含砾砂岩：厚度 0.8 m，砾石颗粒主要为石英、燧石，砾石磨圆程度高，粒径一般 3～4 cm，最大可达 5 cm。地层产状 252°∠18°。

上石盒子组（P_2s）

（1）灰白色中粗粒长石石英砂岩：厚度 2.7 m，风化面为暗红色，偶夹砾石，发育大型板状交错层理。地层产状 252°∠18°。

（2）褐黄色粗砂岩夹含砾粗砂岩：厚度 5.6 m，风化面为暗红色。地层产状 270°∠22°。

（3）褐黄色中粗粒长石石英砂岩：厚度 5.8 m。

（4）紫红色含泥质细砂岩：厚度 1.0 m，底部为紫红色中粗粒杂砂岩。

（5）黄色含砾粗砂岩：厚度 3.7 m，夹薄层状细砂岩。地层产状 270°∠20°。

（6）黄褐色含砾粗砂岩：厚度 9.0 m，底部 20 cm 为砾岩，砾石颗粒为燧石、石英等，底部见泥质团块。砾石磨圆程度高，但分选差。地层产状 254°∠19°。

（7）黄褐色粗砂岩：厚度 4.0 m，局部见砾石，砾石粒径最大 4 cm 左右。地层产状 252°∠19°。

（8）褐灰色含砾粗砂岩：厚度 3.6 m，砾石磨圆度较高，但分选性差，砾石颗粒主要为燧石、石英，岩石底部见泥质团块。地层产状 252°∠19°。

（9）灰白色中粗粒长石石英砂岩、石英杂砂岩夹含砾粗砂岩：厚度 4.5 m，板状交错层理，磨圆程度低，分选较差，含有较多的云母。地层产状 252°∠17°。

（10）杂色砾岩：厚度 0.4 m，砾石颗粒一般 2 cm 左右，主要为石英、燧石颗粒，磨圆度较低。

（11）灰色中粗粒长石石英砂岩：厚度 6.3 m，中厚层状，风化面呈黄色。发育大型板状交错层理。地层产状 252°∠20°。

（12）紫红色泥岩：厚度 2.0 m，中层状。

（13）浅灰色含砾砂岩：厚度 7.5 m，上部为含砾中粗粒砂岩，砾石磨圆度高，分选性差，砾石颗粒主要为石英和燧石；中部为含砾粗砂岩，砾石成分复杂；下部为中粗粒石英砂岩夹含砾粗砂岩透镜体；底部为厚层状含砾粗砂岩夹砂砾岩透镜体，砾石粒径一般在 1 cm 左右，最大可达 4 cm，砾石磨圆度较好，分选性较差。地层产状 252°∠19°。

（14）灰白色含砾粗粒长石砂岩：厚度 11.0 m，砾石最大直径 2 cm，次棱角状，底部发育冲刷构造，中下部发育大型板状交错层理，正递变层理，由多个砾岩—含砾砂岩—砂岩旋回叠置而成，单个旋回厚度 1.0 m 左右。

与下伏的下统下石盒子组整合接触。

下统（P_1）

下石盒子组（P_1x）

（1）灰绿色粉砂岩、细砂岩：厚度 2.7 m，呈薄互层状。

（2）紫红色泥岩：厚度 12.5 m，局部夹粉砂岩，块状或水平层理，纹理厚度 3～4 mm。

（3）灰色细粒长石质岩屑杂砂岩：厚度 5.8 m，节理发育，节理走向 35°，近直立。

（4）灰色中粒长石质岩屑杂砂岩：厚度 9.5 m。

（5）灰绿色含云母细粒岩屑杂砂岩：厚度 5.8 m。

（6）紫红色泥质粉砂岩：厚度 1.5 m，块状构造。

（7）灰色细粒长石质岩屑杂砂岩：厚度 19.5 m，板状交错层理。

（8）黄绿色粗粒长石质岩屑杂砂岩：厚度 8.6 m，发育大型板状交错层理。

（9）黄褐色中粒长石杂砂岩：厚度 17.5 m，发育大型板状交错层理。

（10）青灰色、灰绿色含云母泥质粉砂岩：厚度 23.3 m，块状构造，含植物化石，上部夹土黄色水平纹理粉砂岩。

（11）黄褐色含砾粗粒岩屑质长石杂砂岩：厚度 4.3 m，发育正递变层理、板状交错层理，底部见冲刷构造。这套岩层由 3～4 个砾岩－含砾粗砂岩－粗砂岩－中砂岩旋回构成，每个旋回厚度 0.5～1.5 m。地层产状 288°∠15°。该层岩性特征明显，与下伏山西组顶部地层相比，颜色和岩性存在明显差别，呈冲刷接触关系，因此只要找到了该层，就可以确定出下石盒子组与山西组的界限。

山西组（P_1s）

（1）灰白色泥岩：厚度 0.4 m，风化严重，大部分已转化为铝土质。

（2）灰绿色泥岩：厚度 0.8 m，中层状。

（3）灰绿色细粒杂砂岩：厚度 7.2 m，顶部夹粉砂岩。地层产状 255°∠20°。

（4）灰绿色细砂岩：厚度 4.5 m，局部含中砂，夹薄层粉砂岩。地层产状 255°∠25°。

（5）褐色中细粒长石杂砂岩：厚度 5.5 m，见铁质结核。地层产状 255°∠25°。

（6）褐绿色细粒长石杂砂岩：厚度 1.7 m，层面上富含白云母。

（7）褐绿色细砂岩：厚度 3.0 m，局部夹炭质页岩，含植物化石。

（8）褐绿色含砾粗砂岩：厚度 4.2 m。地层产状 255°∠21°。

（9）黄绿色中粒与细粒杂砂岩互层：厚度 6.2 m，薄互层状。地层产状 255°∠22°。

（10）炭质页岩、煤层：厚度 4.3 m，富含植物枝干化石。

（11）辉绿岩岩脉：宽度 3.2 m。

（12）灰褐色中粒长石石英杂砂岩：厚度 0.9 m，富含植物化石。

（13）灰褐色粉砂岩、细砂岩、中粒长石杂砂岩：厚度 10.6 m，互层状，层面含有丰富的植物枝叶化石。地层产状 255°∠22°。

（14）灰褐色中细粒长石杂砂岩：厚度 2.5 m，中厚层状。地层产状 255°∠25°。

（15）灰褐色铁质细粒杂砂岩：厚度 7.0 m，薄层状，有辉绿岩岩脉穿插。石英含量 25%～35%，绢云母 10%，磁铁矿 15%，长石 20%～30%，岩屑 15%。

（16）褐灰色粉砂岩、细砂岩：厚度 3.7 m，薄互层状。

（17）辉绿岩岩脉：宽度 2.5 m。

（18）褐灰色泥质粉砂岩：厚度 5.1 m。地层产状 255°∠25°。

（19）深灰色粗粒、中粒、细粒石英砂岩：厚度 2.0 m，下部为深灰色中粗粒石英砂岩，上部为中细粒石英杂砂岩，呈正韵律。该地层的两侧以泥岩为主，所以在地貌上为凸出的岭。岩石表面多风化为灰白色或因含植物枝叶化石而呈花斑色。碎屑颗粒以石英为主，其次为长石，少量的云母及铁质组分；分选性较好。

与下伏石炭系太原组整合接触。

石炭系（C）

上统（C_3）

太原组（C_3t）

（1）灰色泥质粉砂岩夹细砂岩：厚度2.5 m，富含植物化石。

（2）灰褐色粉砂岩、页岩与灰黄色细粒杂砂岩互层：厚度4.4 m，水平层理，纹理层厚3～5 mm，含铁质结核，见植物化石碎片。地层产状280°∠32°。

（3）青灰色泥质粉砂岩：厚度11.8 m，风化后呈黄褐色，水平层理，纹理层厚2～5 mm，含铁质结核，见植物化石碎片。地层产状282°∠30°。

（4）灰色细粒砂岩：厚度3.0 m。

（5）灰绿色泥质粉砂岩：厚度15.0 m，夹少量页岩。

（6）灰绿色厚层中、细粒砂岩：厚度13.3 m，石英含量60%，长石含量27%，岩屑含量13%，为岩屑长石石英砂岩，含铁质结核，岩石表面呈球状风化。

中统（C_2）

本溪组（C_2b）

（1）灰黄色、深灰色页岩：厚度12.2 m，水平纹理，纹理厚度3～8 mm。夹多层泥灰岩透镜体，透镜体厚度10 cm左右，滴酸起泡。含海百合茎化石。地层产状289°∠30°。该层是本溪组顶部的标志层，岩性特征明显，与上覆太原组底部的岩屑长石石英砂岩界线清楚，因此只要找到了该层就可以确定出本溪组和太原组的界限。

（2）褐色粉砂岩：厚度2.0 m，见铁质结核。

（3）灰色泥岩夹粉砂岩透镜体，向上过渡为铁质石英粉砂岩：厚度4.4 m，含植物化石碎片和铁质结核，发育水平纹理，纹理厚度3～10 mm。

（4）灰黑色、灰绿色薄层粉砂岩：厚度19.6 m。

（5）灰黄色页岩：厚度2.0 m，水平层理，纹理厚3～8 mm，见铁质结核，风化后成褐色。地层产状280°∠24°。

（6）深灰色泥质粉砂岩：厚度11.8 m，块状构造，铁质含量较高，风化后呈红褐色。夹灰黄色泥质条带，含铁质结核。

（7）青灰色细粒石英砂岩：厚度4.2 m，风化后呈褐色，含铁质结核，结核大小3～4 mm。地层产状283°∠17°。

（8）青灰色石英粉砂岩：厚度6.2 m，石英含量95%，石英颗粒磨圆度高，发育波痕和波状层理，波痕走向155°，波长15 cm，波高2～3 cm。因铁质含量高，风化后岩石表面呈黄褐色。发育一组节理，走向55°，倾向145°，倾角44°。

（9）黑色炭质页岩、粉砂岩：厚度4.8 m，水平纹理，纹理厚1～4 mm；局部夹铁质砂岩透镜体，透镜体厚度3～30 cm，宽度6 m左右，透镜体大小不一，含铁质结核，见大量植物化石。

（10）黄褐色铁质鲕粒粉砂岩：厚度5.5 m，夹灰褐色泥质条带，铁质胶结，胶结物含量较高，占15%～25%，颗粒磨圆度为圆状。含大量铁质鲕粒，鲕粒大小0.5～1.0 mm。

（11）土黄色、浅棕黄色黏土岩，夹灰白色铝土质团块：厚度1.5 m，为古风化壳的残积层。

与下伏奥陶系马家沟组平行不整合接触。

———————————— 平行不整合 ————————————

下古生界（P_{z1}）

奥陶系（O）

中统（O_2）

马家沟组（O_2m）

灰黄色、灰白色，灰质白云岩。该处出露厚度大于100 m。多为块状，滴酸起泡中等。地层产状290°∠33°。中间有一条辉绿岩岩墙侵入，宽度0.6 m左右，延伸长度超过100 m，走向80°。由于辉绿岩抗风化能力强，突出地表0.5 m左右。

二、其他地质现象

1. 平行不整合

中石炭统本溪组与中奥陶统马家沟组之间的平行不整合是一个区域上的沉积间断（图4-24）。不整合面上分布有厚度1.5 m左右的土黄色、浅棕黄色黏土岩，夹灰白色铝土质团块；不整合面之下是奥陶系马家沟组灰白色、灰黄色，中厚层白云岩。该不整合面对应的是加里东运动，加里东运动的完成标志着早古生代的结束。

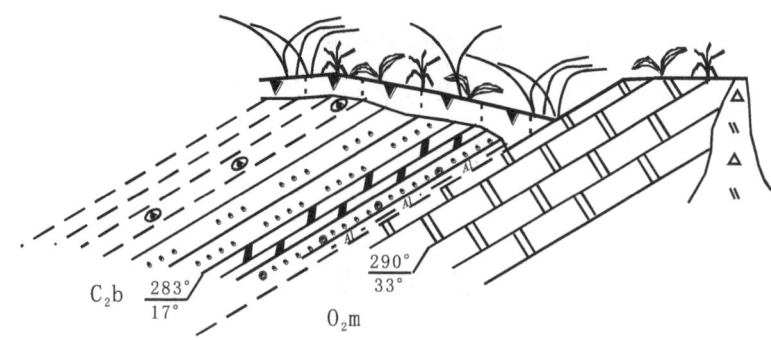

图 4-24 石门寨西门外石炭系与奥陶系之间的平行不整合接触示意图

2. 球状风化

在太原组底部发育一层厚度 13.3 m 的中、细粒砂岩，具有明显的球状风化现象（图 4-25）。该层发育波状层理、槽状交错层理。发育五组节理，第一组走向 12°，第二组走向 53°，第三组走向 75°，第四组走向 121°，第五组走向 142°，节理面平直，都近直立，延伸长度 2～10 m 左右。球状风化与岩石的结构和节理有关，同心圆状结构的岩石，比如大型结核，就容易产生球状风化；节理发育的岩石容易产生球状风化，因为发育几组不同方向的节理把岩石切割成大小不同的岩块，在水和空气渗入的情况下，可以从几个方向同时使岩石风化，棱角部分最易被破坏，脱落，岩块逐渐变为球形。该处的球状风化可能与节理和岩石性质都有关。

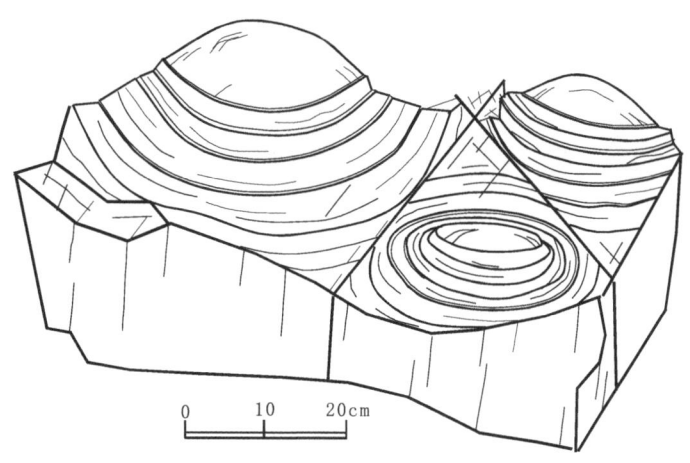

图 4-25 太原组底部砂岩中的球状风化示意图

3. 铁质鲕粒

在本溪组底部发育一层厚度 5.5 m 左右的铁质鲕粒粉砂岩，鲕粒大小 0.5～1.0 mm，有些鲕粒内部可以见到核，内部也有圈层结构。

4. 铁质结核

在该线路上各地层中发育了大量的铁质结核，颜色为褐色、黄褐色，外形上为球形、椭球形，内部由多层呈同心圆圈层构成，个体大小差异很大，0.5～20 cm。产状上有些顺层分布，有些切穿层理。

思 考 题

（1）总结柳江盆地石炭、二叠系地层特点。

（2）根据自己对露头的观察，分析铁质结核的成因。

（3）查阅资料，总结石炭纪古植物的特点。

（4）根据地层的岩石学特征和古生物化石特征，分析石炭纪和二叠纪的古气候变化规律。

（5）总结实习期间观察到的风化作用的类型以及特点。

第九节　黑山窑—大洼山三叠系上统—侏罗系中统剖面及多种典型沉积体系线路

地理位置：黑山窑后村西北山坡—祖山公路。
构造位置：柳江向斜南端部。
教学内容：（1）了解柳江盆地中生代的地层特征；
　　　　　（2）掌握碎屑岩的观察、描述方法；
　　　　　（3）认识河流相砂体的沉积特征；
　　　　　（4）认识冲积扇、扇三角洲沉积体系的特征；
　　　　　（5）观察角度不整合的地层接触关系。

一、三叠系上统—侏罗系中统露头

柳江盆地经历了三叠纪早期和中期大约 23 Ma 的剥蚀，进入晚三叠世之后，沉降为小型的湖泊，又开始接受沉积，形成了一套河流、湖泊和沼泽相的砂泥岩互层地层，即黑山窑组（T_3h）。三叠纪末期的印支运动，又一次使该区抬升、褶皱，遭受剥蚀，沉积间断，到了侏罗纪早期，又接受了一套以扇三角洲、河流相、湖泊和冲积扇为主的砂砾岩沉积，即下花园组（J_1x）。中侏罗世早期，由于燕山运动，本区发生了大规模的火山喷发活动，形成了一套以安山岩为主的火山熔岩、集块岩、角砾岩、凝灰岩和火山沉积岩地层，即髫髻山组（J_2t）。

黑山窑线路出露的地层自上而下地层层序为（附图 4-9）：

中生界（mz）

侏罗系（J）

中统（J_2）

髫髻山组（J_2t）

灰绿色安山岩、火山集块岩、凝灰岩：厚度 400 m。

与下伏的下统下花园组为角度不整合接触。

~~~~~~~~~~~~~~~~~~~~~ 角度不整合 ~~~~~~~~~~~~~~~~~~~~~

下统（J_1）

下花园组（J_1x）

（1）砾岩：厚度 6.0 m，混杂堆积，块状。

（2）黄绿色粉砂质泥岩：厚度 3.5 m，块状。

（3）黄绿色块状泥岩：厚度 1.5 m，含铁质结核。

（4）杂色细砂岩：厚度 5.8 m，块状。

（5）粗砂岩：厚度 2.0 m，板状交错层理。

（6）泥岩：厚度 4.0 m，块状。

（7）灰色泥质粉砂岩：厚度 3.0 m。

（8）细砂岩：厚度 1.5 m。

（9）深灰色泥岩：厚度 1.0 m，见大量植物化石。

（10）杂色中砂岩：厚度 3.5 m。

（11）深灰色炭质泥岩：厚度 55.0 m，夹砂岩透镜体，透镜体表面见波痕。地层产状 50°∠14°。

（12）灰黑色炭质泥岩，厚度 2.0 m，夹粗砂岩透镜体。

（13）块状泥岩：厚度 4.0 m，灰黄色，块状。

（14）含砾砂岩、粗砂岩、中砂岩、细砂岩：厚度 5.0 m，为正韵律，下部粗砂岩为杂色，杂基含量 25%，石英 20%，岩屑 25%，长石 30%；顶部细砂岩为杂色，杂基含量 20%，岩屑 20%，石英 30%，长石 30%。砂体横向宽度 30 m 左右，呈侧积结构。地层产状 64°∠17°。

（15）灰黄色泥质粉砂岩：水平层理，厚度 2.5 m。

（16）灰黑色炭质泥岩：厚度 70.0 m，水平层理，层理厚度 1～2 mm，夹大量铁质结核。地层产状 35°∠18°。

（17）黄绿色块状泥岩：厚度 60.0 m，地层中见大量铁质结核。

（18）砾岩：厚度 3.0 m，杂乱堆积。

（19）黄绿色泥岩：10.0 m，块状。

（20）砾岩：厚度 2.5 m，砾石直径最大可达 10 cm，呈次圆状，大小混杂。

（21）黄绿色块状泥岩：厚度 1.0 m，见植物化石。

（22）细砂岩：厚度 1.5 m，平缓的波纹层理、水平层理。杂基含量 25%，石英 20%，岩屑 30%，长石 25%，波纹层理夹水平层理。

（23）灰色块状泥岩：厚度 6.0 m，局部夹粉砂岩透镜体。

（24）杂色细砂岩：厚度 3.0 m，杂基含量 20%，岩屑 30%，石英 25%，长石

25%，颗粒呈次棱角状，分选差。

（25）灰黑色块状泥岩：厚度 50 m。

（26）黄褐色粗砂岩、中砂岩、细砂岩：厚度 2.5 m，下部为粗砂岩，向上过渡为细砂岩，板状交错层理，底部见冲刷面。

（27）泥岩：厚度 18.5 m，块状。

（28）粉砂质泥岩：厚度 0.3 m，水平层理。

（29）黄褐色细砂岩、中砂岩：厚度 0.3 m，杂基含量 20%，岩屑 25%，石英 25%，长石 30%，颗粒呈次圆状，分选差。

（30）灰绿色铝土质泥岩：厚度 3.0 m，水平层理，局部夹褐色粉砂质泥岩，见大量铁质结核。

（31）粗砂岩：厚度 1.5 m，板状交错层理。

（32）含砾粗砂岩：厚度 1.0 m，砾石大小 1～2 cm，次圆状，见植物树皮化石。

（33）中砂岩：厚度 2.5 m，灰白色，板状交错层理，杂基含量 15%，岩屑 15%，石英 35%，长石 35%。

（34）含砾粗砂岩：厚度 1.2 m，砾石大小 1 cm 左右，零星分布，板状交错层理。见植物树皮化石，化石宽度 8 cm，长 60 cm。杂基含量 15%，石英 30%，岩屑 20%，长石 35%。

（35）中砂岩：厚度 0.5 m，板状交错层理，纹层倾角 25°。

（36）含砾粗砂岩：厚度 3.0 m，地层产状 263°∠10°。

（37）砾岩：厚度 1.5 m。

（38）杂色粗砂岩：厚度 1.0 m，板状交错层理，砂体横向呈透镜体状，宽度 3.0 m。杂基含量 15%，石英 35%，岩屑 20%，长石 30%。

（39）砾岩：厚度 2.5 m，砾石最大 10 cm，呈次圆状。

（40）棕色泥岩：厚度 30.0 m。

（41）杂色中砂岩：厚度 0.5 m，杂基含量 25%，岩屑 30%，石英 25%，长石 20%。

（42）含砾粗砂岩：厚度 0.3 m，砾石大小 3 mm 左右。

（43）泥岩：厚度 0.3 m。

（44）粉砂岩：厚度 0.4 m。

（45）粗砂岩：厚度 0.3 m，板状交错层理。杂基含量 20%，岩屑 30%，石英 20%，长石 30%。地层产状 308°∠17°。

（46）辉绿岩岩脉：宽度 5.0 m。

（47）黄绿色泥岩：厚度 3.0 m，块状。

（48）粉砂岩：厚度 0.3 m。

（49）细砂岩：厚度 0.4 m，杂基含量 20%，岩屑 35%，石英 20%，长石 25%。

（50）杂色中砂岩：厚度 0.4 m，板状交错层理。杂基含量 20%，岩屑 30%，长石 35%，石英 15%。地层产状 286°∠14°。

（51）含砾粗砂岩：厚度 15.0 m，砾石直径最大达 5 cm，板状交错层理。

（52）灰白色粗砂岩：厚度 2.5 m，石英含量 40%，岩屑 20%，长石 30%，杂基 10%。地层产状 316°∠17°。

（53）辉绿岩岩脉：宽度 5.0 m。

（54）砾岩：厚度 5.0 m，砾石最大直径 10 cm。

（55）灰黄色粗砂岩：厚度 1.5 m，岩屑 40%，石英 25%，长石 35%。地层产状 298°∠13°。

（56）砾岩，厚度 2.0 m。

（57）细砂岩：厚度 0.4 m，灰黄色，砂体横向上呈透镜体状，宽度 5.0 m，板状交错层理。杂基含量 25%，岩屑 30%，石英 15%，长石 30%。

（58）砾岩：厚度 1.5 m，砾石最大直径 10 cm，呈次圆状，略微定向排列。

（59）灰黄色泥质粉砂岩：厚度 1.0 m，块状，见铁质结核。地层产状 315°∠15°。

（60）灰黄色泥岩：厚度 0.2 m，水平层理，纹理厚度 5 mm。

（61）灰黄色粉砂质泥岩：厚度 1.2 m，水平层理。

（62）杂色粉砂岩：厚度 0.5 m，杂基含量 15%，石英 40%，岩屑 15%，长石 30%。

（63）杂色中砂岩：厚度 0.5 m，杂基 15%，岩屑 25%，石英 30%，长石 30%。

（64）灰白色含砾粗砂岩：厚度 0.5 m。

（65）砾岩：厚度 0.5 m，砾石颗粒最大直径为 2 cm，呈次圆状。

（66）灰黑色炭质泥岩：厚度 0.1 m，水平层理。

（67）杂色细砂岩：厚度 0.5 m，杂基含量 15%，岩屑 30%，石英 25%，长石 30%。

（68）杂色中砂岩：厚度 0.1 m，杂基含量 15%，石英 25%，岩屑 35%，长石 25%。

（69）含砾粗砂岩：厚度 0.5 m。

（70）砾岩：厚度 8.0 m，砾石颗粒呈次圆状、次棱角状，大小混杂，分选差。

（71）杂色中砂岩：厚度 0.8 m，板状交错层理。

（72）含砾粗砂岩：厚度 0.5 m，砾石最大直径 2 cm。

（73）砾岩：厚度 3.0 m。

（74）灰黄色中砂岩：厚度 0.5 m，板状交错层理，杂基含量 15%，石英 20%，岩屑 30%，长石 35%。

（75）灰白色含砾粗砂岩：厚 0.2 m。

（76）砾岩：厚度 1.0 m，大小混杂，分选差，砾石最大直径为 8 cm，颗粒呈次圆状、次棱角状。地层产状 240°∠15°。

（77）灰白色含砾砂岩：厚度 0.3 m，砾石直径最大为 1 cm，分选差，颗粒呈次棱角状。

（78）砾岩：厚度 1.5 m，块状构造，底部见冲刷面，颗粒大小混杂，分选差，砾石最大直径为 8 cm，颗粒呈次圆状、次棱角状。

与下伏三叠系上统黑山窑组角度不整合接触。

~~~~~~~~~~~~~~~~~ 角度不整合 ~~~~~~~~~~~~~~~~~

三叠系（T）

上统（T_3）

黑山窑组（T_3h）

（1）黄褐色泥岩：厚度 0.3 m，块状，见植物碎片化石，顶部有 2 cm 厚的风化层。

（2）灰黑色炭质页岩：厚度 0.25 m，灰黑色，水平层理，纹理厚度 3 mm 左右，含大量植物化石。地层产状 299°∠15°。

（3）灰色粉砂质泥岩：厚度 0.1 m，含大量植物化石。

（4）深灰色炭质页岩：厚度 0.2 m，水平层理，纹理厚 3～5 mm。其间夹 5 mm 厚的煤线。

（5）灰白色泥岩：厚度 0.8 m，块状。地层产状 311°∠13°。

（6）黄褐色泥岩：厚度 0.4 m，块状，见铁质结核。

（7）灰黑色炭质泥岩：厚度 1.0 m，水平层理，见大量植物化石，夹煤线。地层产状 313°∠16°。

（8）黄褐色泥岩与炭质泥岩互层：厚度 1.4 m，块状，见根土岩。

（9）灰色泥质粉砂岩：厚度 0.5 m，植物根化石发育。地层产状 260°∠14°。

（10）黄褐色粉砂质泥岩：厚度 0.4 m，水平层理，纹理厚度 3～5 mm，夹煤线。

（11）灰黄色泥岩：厚度 3.0 m，块状，含大量植物化石。

（12）深灰色炭质泥岩：厚度 0.1 m，水平层理。

（13）黄褐色泥岩：厚度 0.4 m，块状。

（14）深灰色炭质页岩：厚度 0.2 m，夹薄煤线。

（15）灰黄色粉砂岩：厚度 1.2 m，块状，夹泥质粉砂岩。

（16）深灰色炭质泥岩：厚度 0.4 m，夹灰色泥岩。

（17）粉砂质泥岩：厚度 0.4 m，灰绿色，夹炭质泥岩条带。

（18）灰白色含砾粗砂岩：厚度 5.0 m，砾石大小 5～10 mm，风化严重。

（19）灰白色砾岩：厚度 0.4 m，砾石大小 5～30 mm，最大可达 50 mm，砾石呈次圆状。发育板状交错层理，底部见冲刷面。

（20）砾岩、含砾粗砂岩：厚度 0.6 m，底部为砾岩，底面发育冲刷构造，上部为含砾粗砂岩，发育板状交错层理，正韵律。杂基含量 15%，石英 40%，长石 25%，岩屑 20%。颗粒呈次棱角状，分选差。

（21）灰黄色含砾粗砂岩：厚度 0.4 m，底部见冲刷面，向上岩性变细，过渡为细砂，发育板状交错层理。

（22）灰白色粗砂岩：厚度 1.0 m，向上粒度变细，顶部为细砂，发育板状交错层理。杂基含量 20%，石英 45%，岩屑 20%，长石 15%。颗粒呈次棱角状，分选中等。

（23）砾岩、粗砂岩：厚度 1.7 m，灰白色，下部为砾岩，上部粗砂岩，发育板状交错层理。地层产状 307°∠23°。

（24）深灰色炭质泥岩：厚度 0.5 m，水平纹理，纹理厚度 3～5 mm。

（25）粉砂岩层：厚度 0.1 m，灰绿色，砂体呈透镜状，宽度 1 m。

（26）灰色粉砂质泥岩：厚度 0.4 m，水平层理，见大量植物化石碎片。

（27）细砂岩：厚度 0.3 m，灰绿色，平行层理，砂体呈透镜状，宽度 2 m。

（28）灰黑色炭质泥岩：厚度 0.5 m，水平层理。

（29）灰白色粗砂岩：厚度 0.2 m，底部见冲刷面，砂体呈透镜状，砂体宽度 10 m。

（30）深灰色炭质泥岩：厚度 1.0 m。

（31）灰白色粗砂岩、中砂岩：厚度 0.2 m，下部为粗砂岩，顶部为中砂岩，底部见冲刷面，内部发育平行层理，砂体呈透镜状，宽度 10 m。

（32）灰黑色炭质泥岩：厚度 0.3 m，夹煤线。

（33）粗砂岩、中砂岩：厚度 0.3 m，底部为粗砂岩向上过渡为中砂岩，底部见冲刷面，中上部发育平行层理。砂体呈透镜状，宽度 15 m。

（34）深灰色炭质泥岩：厚度 0.1 m。

（35）灰白色粉砂岩：厚度 0.5 m，剖面上呈透镜状。

（36）灰黑色泥岩：厚度 1.0 m，水平层理。

（37）灰白色砾岩、含砾粗砂岩：厚度 0.6 m，正旋回，底部见冲刷面，中上部发育板状交错层理。杂基含量 20%，石英 30%，长石 35%，岩屑 15%。分选差，颗粒呈次圆状、次棱角状。

（38）灰黑色炭质泥岩：厚度 1.0 m，水平层理，纹理厚 5 mm 左右。

（39）黄绿色粗砂岩、中砂岩：厚度 2.7 m，由两个正旋回构成，底面见冲刷构造，砂体内部发育平行层理。杂基含量 20%，石英 30%，长石 30%，岩屑 20%。分选差，颗粒呈次棱角、次圆状。

（40）深灰色泥岩：厚度 1.8 m，局部夹泥质粉砂岩透镜体。

（41）灰褐色中粒杂砂岩：厚度 16.0 m，杂基含量 30%，石英 20%，斜长石 20%，正长石 20%，岩屑含量 10%。砂体内部见大量煤团块，大小 5 mm 左右。

（42）含砾砂岩：厚度 4.0 m，砾石最大 10 mm，呈次圆状。

（43）砾岩：厚度 1.0 m，砾石最大 10 mm，呈次圆状。

（44）深灰色泥岩：厚度 0.1 m。

（45）含砾砂岩、细砂岩：厚度 0.2 m，粗细混杂，分选差。砂体在剖面上呈透镜状，宽度 10 m。

（46）深灰色块状泥岩：厚度 0.6 m。

（47）灰黄色细砂岩：厚度 6.0 m，杂基含量 15%，石英 25%，岩屑 20%，斜长石 20%，正长石 20%。颗粒呈次棱角状，分选差。

（48）中砂岩：厚度 1.0 m。

（49）粗砂岩：厚度 0.1 m。

（50）含砾粗砂岩：厚度 0.5 m。

（51）深灰色泥岩：厚度 0.5 m。

（52）灰黑色泥岩：厚度 3.0 m。

（53）灰褐色粗砂岩：厚度 4.5 m，杂基含量 20%，石英 30%，斜长石 28%，岩屑 22%，见铁质结核，板状交错层理。地层产状 317°∠19°。

（54）炭质泥岩：厚度 10.0 m。

（55）粗粒杂砂岩：厚度 0.3 m。

（56）炭质泥岩：厚度 0.5 m。

（57）粗粒杂砂岩：厚度 0.2 m。

（58）炭质泥岩：厚度 0.6 m。

（59）粗粒杂砂岩：厚度 1.1 m。

（60）土黄色泥岩：厚度 8.0 m。

（61）土黄色粉砂岩：厚度 2.0 m。

（62）炭质泥岩：厚度 16.0 m。

（63）土黄色细晶岩岩脉：宽度 2.0 m，风化严重。

（64）炭质泥岩：厚度 5.0 m。

（65）土黄色细晶岩岩脉：宽度 1.5 m，风化严重。

（66）灰黑色炭质泥岩：厚度 0.5 m，水平层理。

（67）粗粒杂砂岩：厚度 2.0 m。

（68）灰黑色炭质泥岩：厚度 20.0 m，水平层理。

（69）灰白色粗砂岩：厚度 8.0 m。

（70）灰白色含砾粗砂岩：厚度 6.0 m。

（71）灰黄色砂泥岩互层：厚度 2.0 m。地层产状 293°∠18°。

（72）灰黄色含砾砂岩：厚度 25.0 m。砾石直径最大 5 cm，砾石呈圆状到滚圆状，分选差。发育三组节理，一组走向 354°，倾向 84°，倾角 84°；另一组走向 13°，倾向 283°，倾角 44°，这两组为共轭关系；第三组不规则。

（73）风化残积层：厚度 0.10～0.5 m，土黄色泥岩，含有较多的砂质，甚至有砾石残积颗粒。

与下伏二叠系上统石千峰组角度不整合接触。

~~~~~~~~~~~~~~~~~~~ 角度不整合 ~~~~~~~~~~~~~~~~~~~

上古生界（Pz$_2$）

二叠系（P）

上统（P$_2$）

石千峰组（P$_2$sh）

（1）紫红色泥岩：厚度 10.0 m，块状。

（2）黄褐色细砂岩：厚度 0.3 m，透镜状，宽度 5 m。

（3）紫色泥岩：厚度 0.2 m，块状。

（4）黄色粉砂岩：厚度 0.5 m。

（5）黄褐色中砂岩：厚度 0.5 m，杂基含量 15%，石英 20%，正长石 20%，斜长石 20%，岩屑 25%。地层产状倾向 5°∠67°。

（6）灰黄色细砂岩：厚度 0.5 m，杂基含量 20%，石英 20%，岩屑 30%，长石 30%。水平层理。

（7）紫红色中砂岩：厚度 1.5 m，杂基含量 10%，石英 50%，岩屑 15%，斜长石 10%，正长石 10%，黑云母 5%。发育大型板状交错层理，纹层倾角 20°。

（8）含砾粗砂岩：厚 0.5 m，灰白色、紫红色，发育板状交错层理。杂基含量 10%，石英 35%，斜长石 18%，正长石 20%，岩屑 17%，砾石大小 5～10 mm，颗粒呈次圆状。

（下部未完）

二、其他地质现象

1. 角度不整合

黑山窑后村西 200 m 处的山坡下，出露有上二叠统石千峰组和上三叠统黑山窑组地层，二者呈角度不整合接触（图 4-26）。石千峰组地层为紫红色板状交错层理含砾粗砂岩、中粗粒砂岩、细砂岩、粉砂岩和紫红色块状泥岩，总体上为正递变旋回，是一套河流相沉积地层，地层产状 5°∠61°。黑山窑组与石千峰组之间分布一层厚度 10～50 cm 的风化残积层，为土黄色松散黏土层，含有较多的砂质，甚至有砾石残积颗粒。黑山窑组底部为砾岩、含砾砂岩，地层产状 293°∠18°。

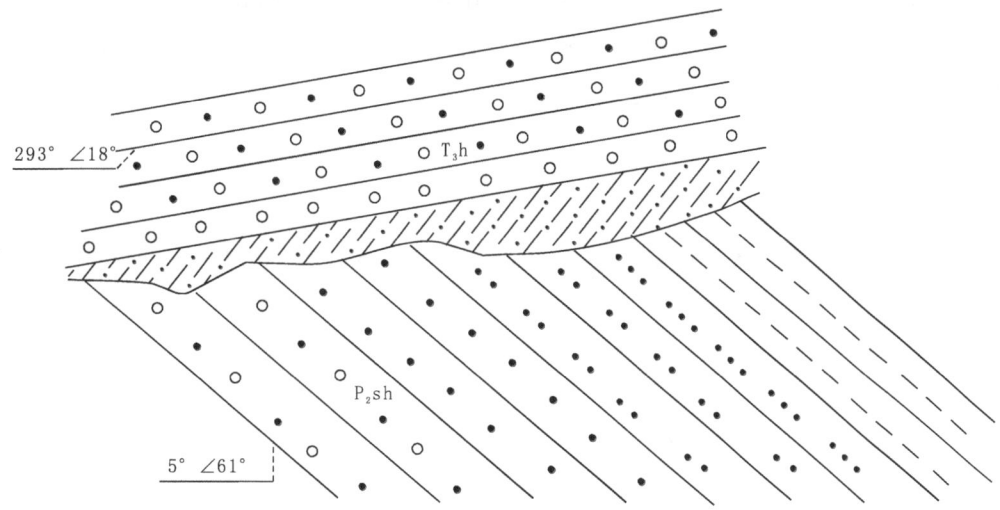

图 4-26 黑山窑组与石千峰组之间的角度不整合示意图

在晚二叠世石千峰组地层沉积之后，发生了海西运动，地壳抬升，遭受剥蚀，持续了大约 23 ma，到了晚三叠世，再次构造运动，本区沉降为低洼的小型湖泊，又开始接受沉积。该不整合面对研究我国北方地区中生代地壳演化和古气候变化具有重要意义。

2. 石千峰组河道砂体中的板状交错层理

在石千峰组顶部砂岩中发育了一组板状交错层理（图 4-27），纹层组的厚度 0.3～0.5 m，纹层厚度 1～3 cm，纹层的倾角 8°～15°。属于低角度的板状交错层理，说明当时的地势比较平缓,水流平稳。

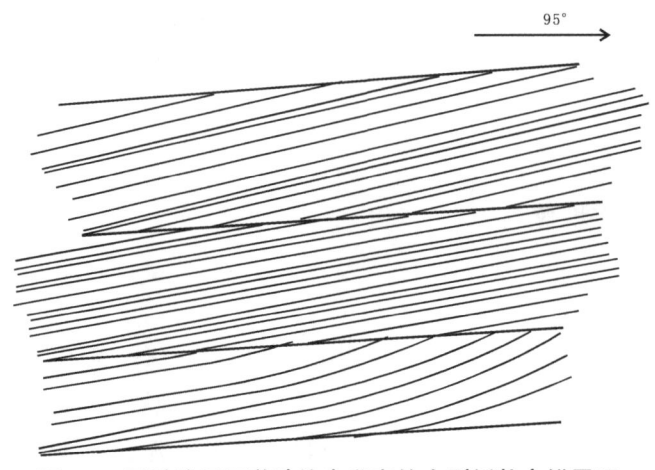

图 4-27 石千峰组河道砂体中发育的大型板状交错层理

3. 断层

(1) 黑山窑组上部发育的正断层

在黑山窑组上部发育一条小型正断层(图 4-28),断层走向 205°,倾向 115°,倾角 75°。断层把一套厚度 3 m 左右的砂岩层断开,形成了宽度 0.3 m 左右的断层破碎带,破碎带由大量断层角砾组成。

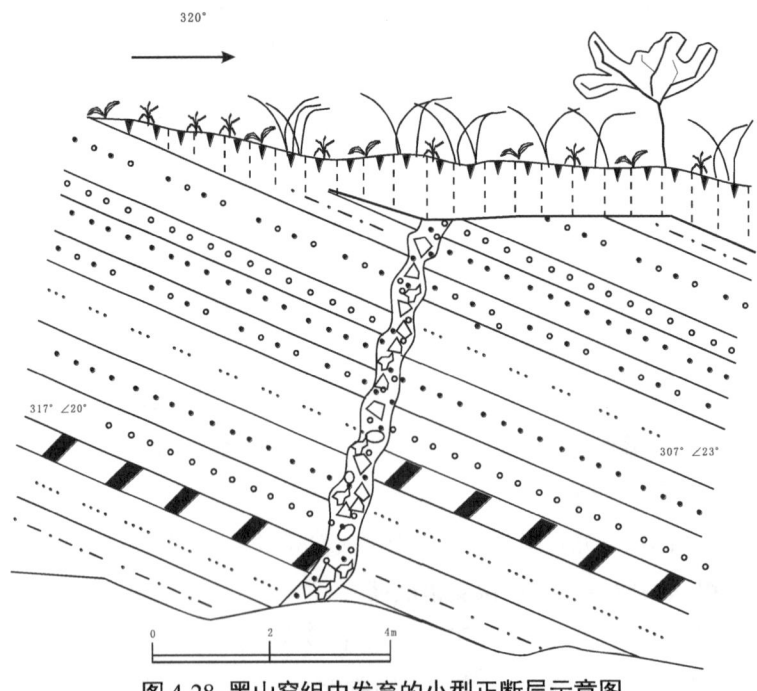

图 4-28 黑山窑组中发育的小型正断层示意图

（2）下花园组与黑山窑组不整合面附近发育的平移断层

在下花园组与黑山窑组分界处发育一条平移断层（图4-29），断层走向70°左右，近直立，断距6 m左右，为右旋平移断层。断层明显把下花园组底部的厚层砾岩层断开，并发生了平移。

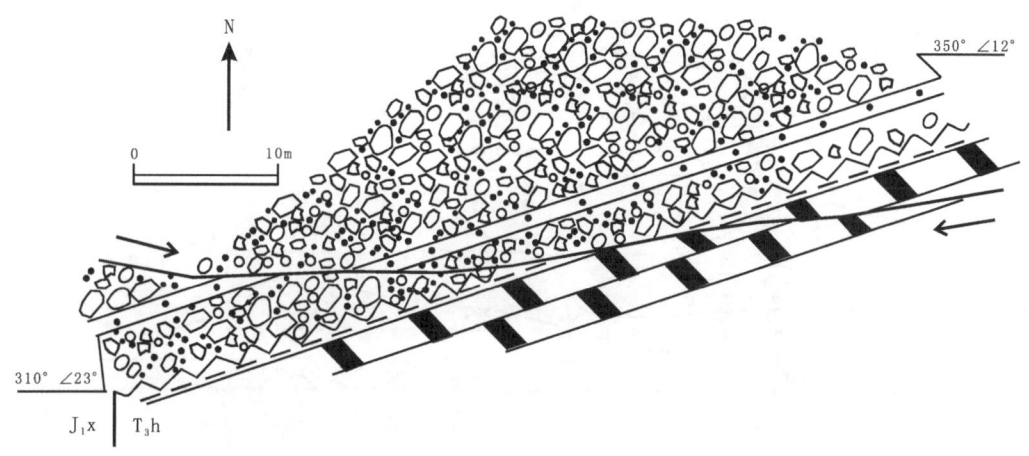

图 4-29 黑山窑组顶部发育的小型平移断层示意图

4. 河道砂体剖面露头

（1）辫状河道砂体剖面

在距黑山窑后村西北方向 3000 m 处的山沟中出露了一条剖面，该沟的走向 50°，沟的北侧出露了一套砂砾岩地层，地层走向 50°，倾向 320°，倾角 27°，为比较典型的辫状河砂体，多期河道叠置，形成了一个大型的辫状河道沉积复合体（图 4-30）。底部为砾岩，厚度 0.5～1.5 m，横向宽度 10～20 m。砾石直径最大可达 5 cm，圆度为次圆状、次棱角和棱角状，砾石定向排列，分选差，块状构造或不明显的大型槽状交错层理，为辫状河道中的滞留单元和充填单元。向上第二层为粗砂岩和中砂岩，厚度 1～2 m，横向上的宽度 9 m 左右，剖面上呈透镜状，为长石砂岩，颗粒的圆度为次圆和次棱角状，分选中等，发育大型板状交错层理，内部有 5～8 个界面，这些界面属纹层组界面，这一单元为砂坝单元。向上第三层为砾岩层，厚度 0.5 m，同第一层相同，但砾石直径稍小，为又一期河道中的滞留单元和充填单元。第四层为粗砂岩、中砂岩，厚度 0.5 m，同下部第二层相同，只是单元厚度和规模减小，为第二期砂坝单元。第五层为砾岩，厚度 0.3 m，为第三期河道中的滞留单元和充填单元。向上继续追踪，在纵向上可以细分出 5～8 期河道单元和砂坝单元。横向上不同河道单元相互拼接，延伸宽度近 200 m。

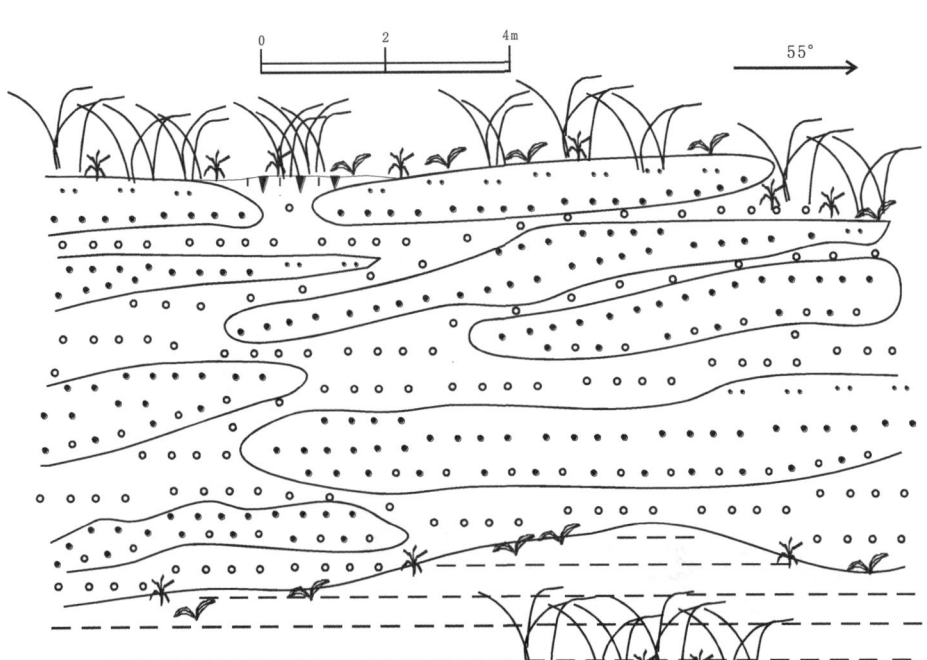

图 4-30 下花园组上段发育的辫状河道砂体剖面露头示意图（局部）

（2）曲流河砂体剖面

在下花园组上部出露一套曲流河砂体剖面（图 4-31）。砂体总厚度 5 m 左右，横向宽度 40 m 左右，由 5 个砂坝侧积体叠置而成。单个侧积体的厚度 0.2～1.2 m，宽度 1.5～25 m，岩性以含砾砂岩、粗砂岩和中砂岩为主。废弃河道的厚度 0.3 m，宽度 5.0 m 左右，以砾岩为主。

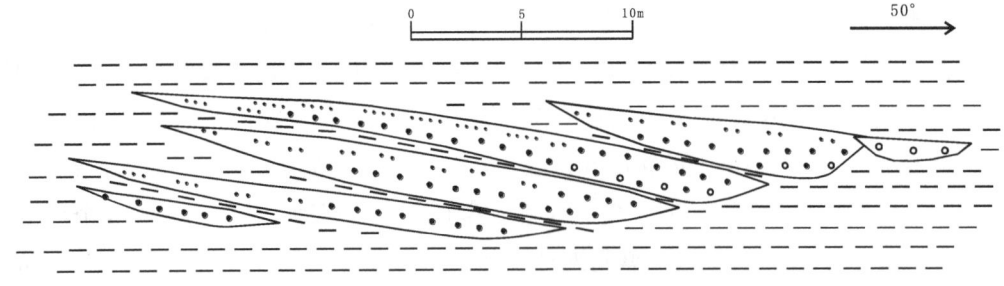

图 4-31 下花园组上段发育的曲流河砂体剖面露头示意图

5. 冲积扇沉积体系露头

黑山窑后村西北 3000 m 处，在沟的西段南侧发育了一套砾、砂和泥混杂的地层，厚度 50～100 m，地层走向 60°，倾向 330°，倾角 35°。分析认为是一套冲积扇沉积体系（图 4-32）。这套地层属于下花园组顶部地层。根据出露的岩层可以划分出扇根、扇中、扇端三个亚相（图 4-33）。

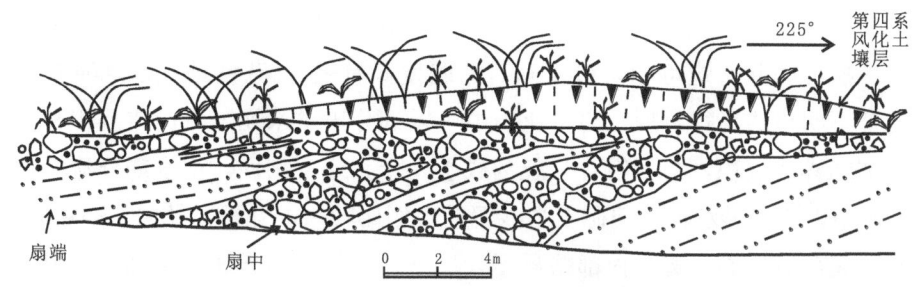

图 4-32 黑山窑下花园组冲积扇剖面露头示意图

（1）扇跟亚相：是以泥石流的形式搬运堆积而成，主要由无组构的砾、砂和泥组成，无分选，混杂堆积。见大的漂砾，砾石直径 5～15 cm，最大可达 30 cm，也见大的垮塌岩块，形状不规则，个体大小 1.0 m×0.5 m。砾石之间充满了细碎屑的砂和泥，砾石呈漂浮状分布在细砾堆积物中。从出露的剖面上观察，扇跟亚相的厚度 15～25 m，宽度 100～200 m。在沟底的剖面中可以看出三期的泥石流叠置关系，每一期的下部漂砾多，且个体大，顶部有很薄的细粒堆积物，单期厚度 2～5 m。

厚度(m)	沉积构造	岩性	岩性描述	亚相
160			主要为灰白色砂和泥。发育水平层理，在其前端见前积层理	扇端
120			为红黄色砾石、砂和泥混杂堆积，砾石直径5~10cm，呈次圆状、次棱角状，杂乱堆积，发育不明显的平行层理	扇中
			为无组构的砾、砂、泥组成，无分选，混杂堆积。砾石之间充满了细碎屑的砂和泥，砾石成漂浮状分布在细砾物中。块状构造，底部发育冲刷构造	扇根
80			灰白色砂和泥。水平层理	扇端
			为红黄色砾石、砂和泥混杂堆积，砾石直径5~10cm，呈次圆状、次棱角状，杂乱堆积，砾石略定向排列，发育不明显的平行层理	扇中
40			为无组构的砾、砂、泥组成，无分选，混杂堆积。砾石直径5~15cm，最大可达30cm。见巨大的垮塌岩块，大小100cm×40cm。砾石之间充满了细碎屑的砂和泥，砾石成漂浮状分布在细砾物中。块状构造，底部发育冲刷构造。以泥石流的形式搬运堆积，露头中可以看到两期次的泥石流堆积	扇根
0				

图 4-33 黑山窑冲积扇纵向沉积序列图

（2）扇中亚相：主要为红黄色砾石、砂和泥混杂堆积，砾石直径 5～10 cm，呈次圆状、次棱角状（这可能与母岩砾石的圆度高有关），杂乱堆积，砾石略定向排列，发育不明显的平行层理。扇中亚相中可以划分出洪水期分流沟道沉积和消退期沟道顶部细碎屑沉积，二者组合一起构成了一个正递变旋回。洪水期分流沟道沉积主要为砾石，夹杂砂和泥，但砾石与砂泥的比例比较大，砾石直径大，略定向排列，分选差，底部有冲刷痕迹，内部略显平行层理，总体上为正递变层理。消退期沟道顶部细碎屑沉积物主要为砂和泥，也含砾，但砾石颗粒直径减小、数量减少，厚度较薄，一般是沟道砾岩厚度的十分之一到五分之一，多呈块状。露头中可以划分出多期冲积扇扇中亚相，厚度 20～30 m，单期厚度 1.0～3.0 m。

（3）扇端亚相：由细碎屑物构成，主要为灰黄色粉砂岩、泥质粉砂岩和泥，夹零星分布的砾岩呈透镜体。主要发育纹理厚度比较大的水平层理和块状构造，层理厚度 10～15 cm。扇端亚相累计厚度 10～15 m，单层厚度 0.3～1.0 m。

思 考 题

（1）总结柳江盆地中生代地层的特点。
（2）根据露头的观察，总结冲积扇沉积体系的沉积特征。
（3）根据露头的观察，总结辫状河和曲流的沉积特征。
（4）对比一下黑山窑出露的板状交错层理与鸡冠山出露的板状交错层理有哪些异同点。
（5）根据岩石的沉积特征，总结一下，在这条线路上你观察到了多少类型的沉积体系。

第十节　喇嘛山河流、沼泽相露头线路

地理位置：黑山窑村北喇嘛山。
构造位置：柳江向斜南端部。
教学内容：（1）观察沼泽沉相的地层特征；
　　　　　（2）观察网状河沉积的地层特征；
　　　　　（3）观察石炭纪植物化石组合；
　　　　　（4）观察斑状花岗岩岩墙。

一、沼泽相地层特征

喇嘛山位于柳江向斜南端，出露地层为中石炭统本溪组，岩性为泥岩、炭质页岩、炭质泥岩和砂砾岩。自上而下详细的地层岩性描述如下（图4-34）：

第一层：泥岩，厚度 0.5 m 左右，土黄色，风化严重。

第二层：细砂岩，厚度 0.5~1.0 m，灰白色，长石砂岩，发育水流波纹层理。

第三层：中砂岩，厚度 1.0~2.0 m，灰白色，长石砂岩，发育侧积交错层理。

第四层：含砾粗砂岩，厚度 0.2~0.3 m，槽状交错层理，底部见冲刷构造。

第五层：泥岩，厚度 2.0 m，灰白色、灰色，岩性不纯，发育水平层理，夹多层粉砂岩透镜体。透镜体规模变化大，小的厚度 5 cm、宽度 30 cm，大的厚度可达 0.5 m，宽度 4~10 m，发育小型波痕构造，属泛滥盆地中的决口沉积。层面上见大量的植物化石，初步观察，主要有鳞木化石、卵脉羊齿化石、假星轮叶化石等，具有比较典型的北方晚石炭世植物群落组合。初步分析鳞木化石属鳞木属扁菱鳞木，叶座小，扁菱形（图4-35），叶座长 12.0 mm，宽 10.0 mm，顶底尖锐，两侧弧形，上部有叶痕。卵脉羊齿呈卵圆形，长 16.8 mm，宽 11.2 mm，顶端钝圆，基部偏斜形，中脉在上部分散，侧脉细密，以锐角伸出，向两侧微弯曲。假星轮叶呈细线形，长大于 20 mm，宽 2.2 mm，顶端钝，有中脉。芦木化石属新芦木属，保存不完整，化石显示的宽 52.5 mm，长 157.5 mm，有比较浅的纵脊和纵沟，纵脊背节部位错开。

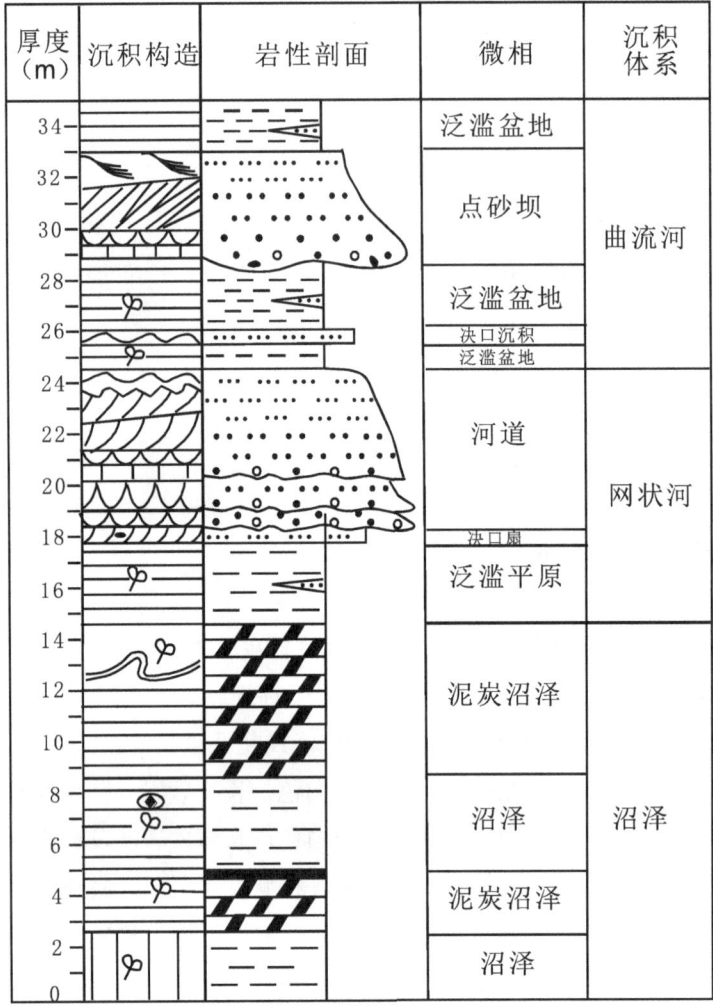

图 4-34 喇嘛山地区河流沼泽沉积体系纵向序列图

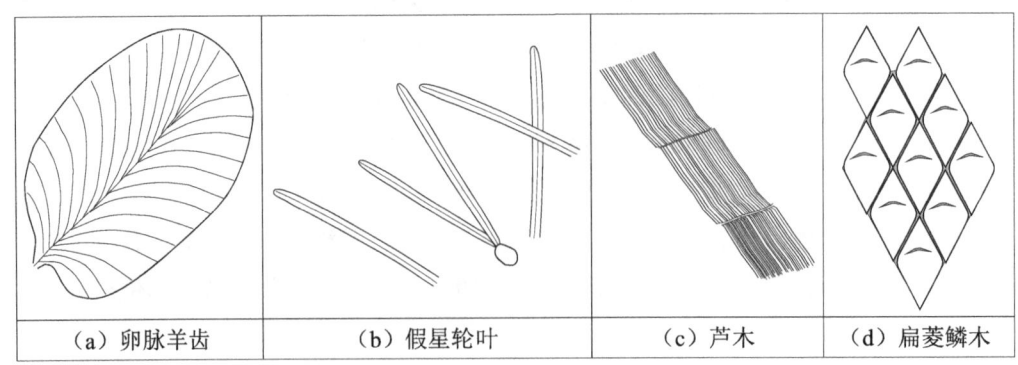

图 4-35 植物化石图版

第六层：细砂岩、粗砂岩，厚度 5 m，灰白色，风化后呈褐色，自下而上由粗砂岩过渡到细砂岩，板状交错层理，由多个正粒序旋回构成（图 4-36）。

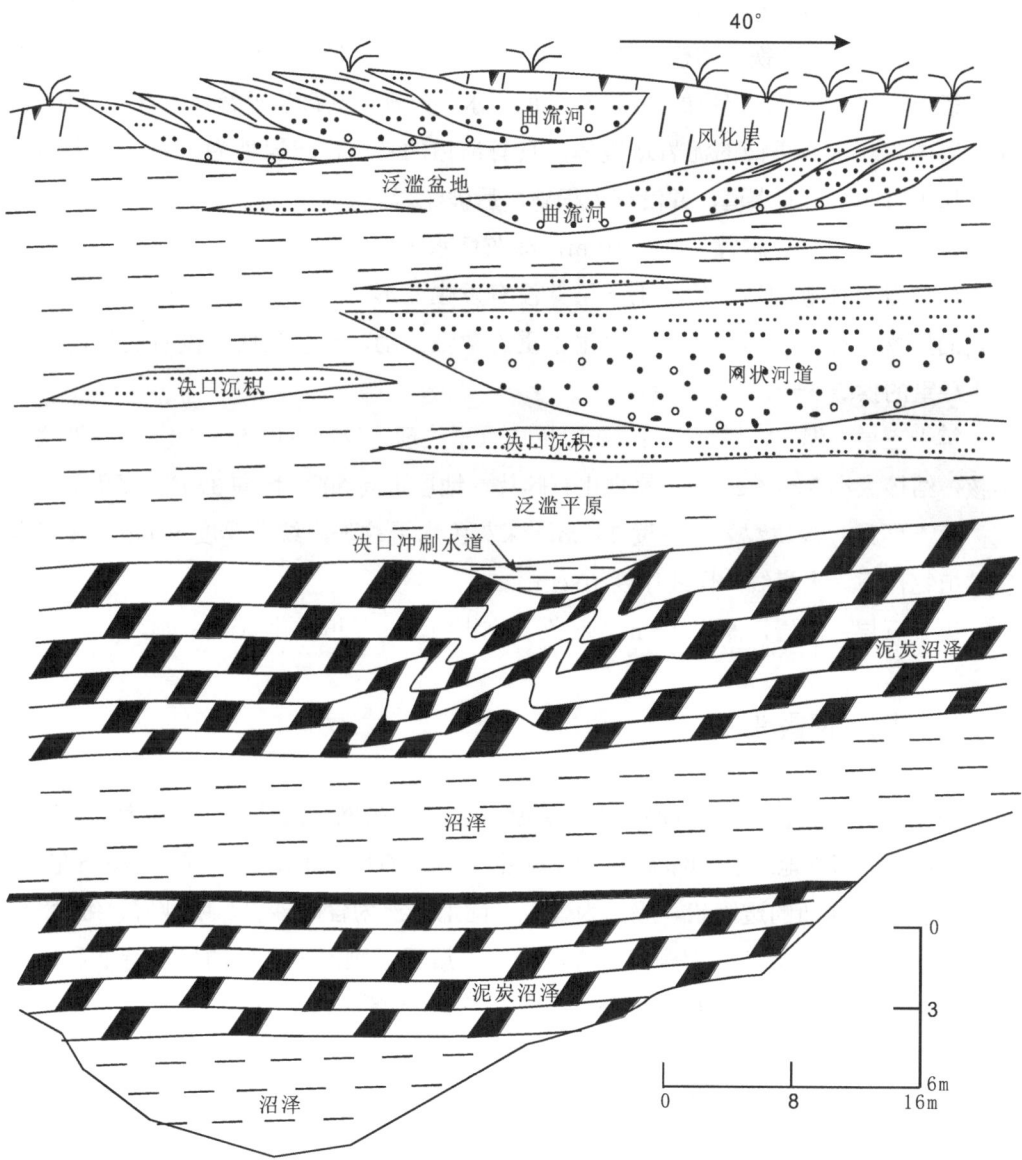

图 4-36 喇嘛山地层沉积剖面示意图

第七层：含砾砂岩，厚度 0.5 m，紫红色，块状构造，底部见冲刷构造。属网状河道砂体底部沉积。

第八层：粗砂岩，厚度 0.3 m，灰白色，槽状交错层理，正递变层理。属网状河道砂体中下部沉积。

第九层：含砾砂岩，厚度 0.1 m，紫红色，砾石直径最大达 3 cm，定向排列，块状构造，底部见冲刷构造。属网状河道砂体底部沉积。

第十层：细砂岩，厚度 1.7 m，灰白色、下部紫红色，铁质含量高。分选较差，见板状交错层理，含铁质结核。剖面上呈透镜状，为决口扇沉积。

第十一层：泥岩，厚度 5.5 m，灰褐色，水平纹理，夹砂岩透镜体，含植物化石。在该层中夹一上平下凸的泥岩透镜体，具有河道的特征，但岩性为泥岩，分析该透镜体是决口冲刷出的水道，并没有沉积砂，后被泥岩充填。

第十二层：炭质泥岩，厚度 10 m，深灰色水平纹理，含有丰富的植物化石。该层中局部发育揉皱构造，但是上下层并没有发生变形，分析认为该层比较软，具有一定的塑性，在一定的倾角下，发生了重力塑性滑动，造成顶底层没有变形，该层发生严重的揉皱变形。

第十三层：泥岩，厚度 3 m，灰绿色，水平纹理，纹理厚度 5～30 mm，见铁质结核，结核大小 3～5 cm，见植物化石碎片。地层走向 50°，倾向 320°，倾角 23°。

第十四层：炭质泥岩，厚度 2.0 m，深灰色水平纹理，纹理厚度 5 mm，含有丰富的植物化石。夹煤线，煤线厚度 10 cm。

第十五层：泥岩，厚度 2.5 m，灰色，块状构造，见植物化石碎片。

二、网状河露头

在黑山窑村东北侧去往柳江庄的小路旁出露了两处网状河露头，一处为垂直河道方向的剖面，清晰地展示了网状河道形态特征。河道宽度 130 m 左右，厚度 8.0 m 左右，剖面上呈顶平底凸的透镜状。底部为砾岩，向上依次为含砾砂岩、中砂岩、细砂岩，由多个旋回构成。另一处为顺河道方向剖面，展示了顺河道方向的形态特征和河床底部的形态变化。通过砂体中的板状交错层理可以判断出水流方向。

三、斑状花岗岩岩墙

在喇嘛山山顶发育一条近南北走向的岩墙。岩墙为花岗斑岩，斑晶主要为正长石和石英颗粒，正长石多被风化为高岭土，石英呈粒状，大小 3 mm 左右，细粒结构，斑状结构，块状构造。

岩墙走向 165°，近于直立，岩墙宽度 2 m，延伸长度大于 500 m。岩墙沿断层侵入，由于岩浆侵入过程中的挤压作用，该处地层近于直立，与周边地层产状不协调。

接触带上围岩没有发生明显的改变,说明为低温侵入。该岩墙可能与沙锅店花岗斑岩岩墙为同一期,因为成分、结构和构造相似,甚至产状都接近。

思 考 题

(1)根据实际观察结果,总结网状河、曲流河和辫状河在剖面上有哪些不同的特征。

(2)查阅资料,总结不同类型河流形成的背景条件。

(3)根据实际观察结果,总结沼泽环境下形成的地层特征。

第十一节　砂锅店东山岩溶地貌及斑状花岗岩岩墙线路

地理位置：砂锅店东山。
构造位置：柳江向斜东翼。
教学内容：（1）观察石灰岩的溶蚀作用和岩溶地貌的特征；
　　　　　（2）观察斑状花岗岩岩墙特征；
　　　　　（3）观察断层在地表的表现特征。

一、岩溶地貌特征

1. 发育地层

该区发育的地层为下古生界下奥陶统亮甲山组，地表出露的厚度35 m左右。自上到下的岩性依次为（图4-37）：

（1）生物碎屑灰岩：暗灰色，厚层块状，见较多的生物碎屑，地层产状297°∠17°，地层厚度15 m。

（2）虫孔灰岩：灰色，厚层状，虫孔发育，虫孔有竖直状、倾斜状、水平状等，地层产状276°∠16°，地层厚度1.7 m。

（3）生物碎屑灰岩：灰色，块状，见大量的生物碎屑，地层产状293°∠14°，地层厚度1.2 m。

（4）虫孔灰岩：灰色，生物潜穴和生物扰动构造发育，岩石表面被溶蚀成鸡爪纹状，地层厚度0.3 m。

（5）石灰岩：灰色，发育波纹层理、水平层理，夹有砂屑条带，条带厚度1～2 cm。地层产状273°∠14°，地层厚度1.5 m。

（6）虫孔灰岩：灰色，虫孔发育，地层厚度1.5 m。

（7）砾屑灰岩：灰色，砾屑颗粒大小0.5～3 cm，砾屑厚度0.3～1 cm，分布较杂乱，地层产状282°∠17°，地层厚度0.2 m。

（8）虫孔灰岩：灰色，虫孔发育，地层厚度0.5 m。

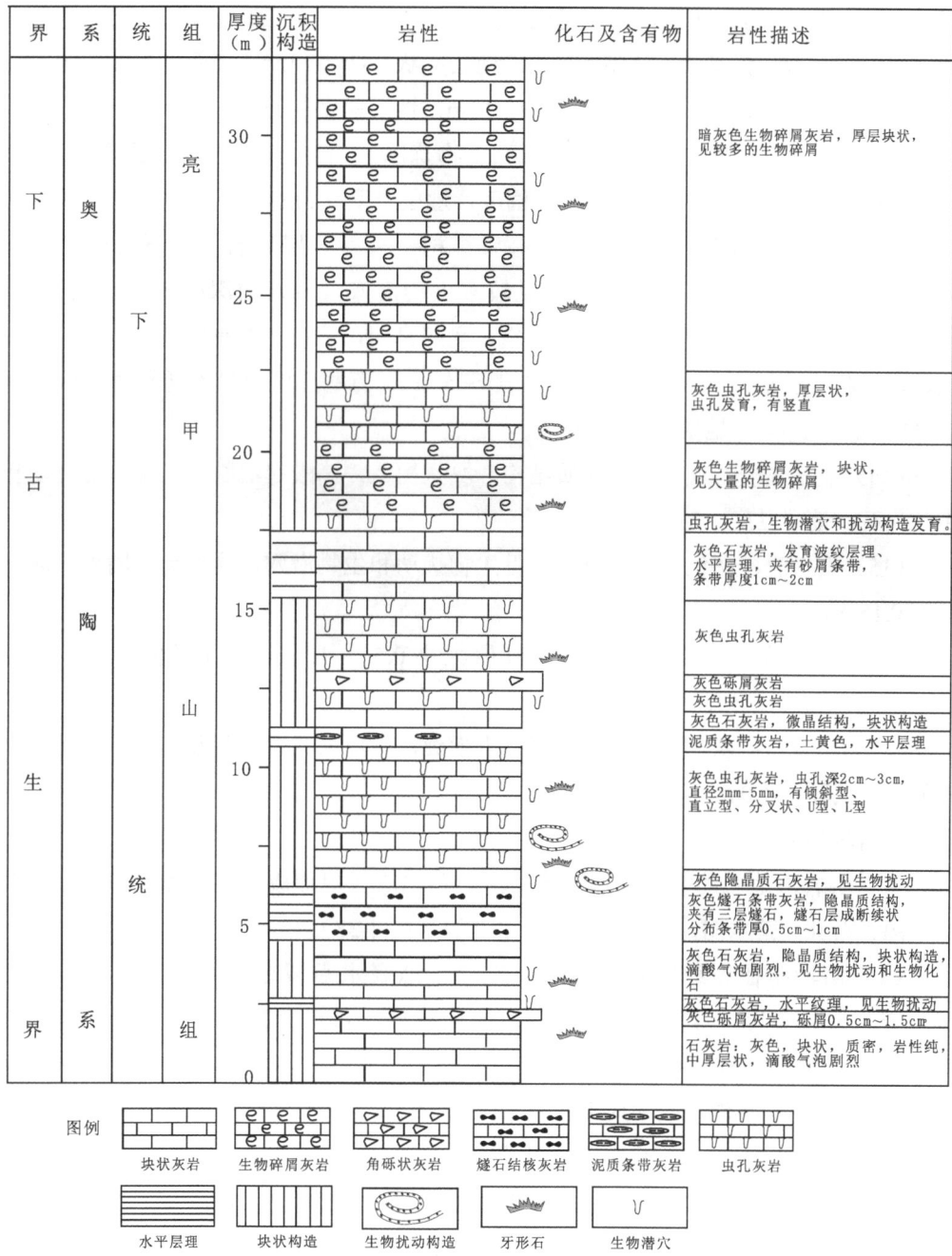

图 4-37 砂锅店地层垂向剖面

（9）石灰岩：灰色，微晶结构，块状构造，地层厚度 0.8 m。

（10）泥质条带灰岩：土黄色，水平层理，泥质和灰质互层，条带厚 0.5～1.5 cm，地层产状 286°∠17°。地层厚度 0.4 m。

（11）虫孔灰岩：灰色，滴酸起泡剧烈，虫孔深 2～3 cm，直径 2～5 mm，有倾斜型、直立型、分叉状、U 型、L 型，地层产状 262°∠15°。表面有溶蚀孔洞、溶蚀沟槽。溶蚀孔洞直径 0.5 cm，深 0.5～2 cm，地层厚度 3.0 m。

（12）隐晶质灰岩：灰色，块状，见生物扰动，顶部分布厚 2 cm 的砾屑灰岩，砾屑直径 0.5～1 cm，砾屑有一定的磨圆度，地层厚度 0.4 m。

（13）燧石条带灰岩：灰色，隐晶质结构，夹有三层燧石，燧石层成断续状分布，条带厚 0.5～1 cm。灰岩段见较多生物潜穴，潜穴的深度 1 cm 左右，直径 4 mm，扰动构造发育。表面溶蚀严重，呈蜂窝状，溶蚀孔洞有倾斜状，也有竖直状、水平状，孔洞直径 0.5～1 cm，深 1～5 cm，有些孔洞已经沟通呈搭桥状。地层产状 268°∠11°，地层厚度 1.2 m。

（14）块状灰岩：灰色，隐晶质结构，块状构造，滴酸起泡剧烈，见生物扰动和生物化石，地层厚度 1.0 m。

（15）石灰岩：灰色，水平纹理，见生物扰动和生物潜穴，滴酸起泡剧烈，地层厚度 0.15 m。

（16）砾屑灰岩：灰色，块状，砾屑大小 0.5～1.5 cm，砾屑呈饼状，厚度 2～5 mm，定向排列，地层厚度 0.2 m。

（17）石灰岩：灰色，块状，质密，岩性纯，中厚层状，滴酸起泡剧烈。只部分出露，地层厚度 1.0 m。

2. 岩溶类型

砂锅店岩溶地貌的范围虽然不大，但岩溶地质作用形成的地貌类型齐全，发育有溶沟、石芽、落水洞、溶洞、溶洼、溶斗等（图 4-38）。

（1）溶沟：在裂缝发育的石灰岩地区，地表水沿裂缝下渗过程中，不断溶蚀，使裂缝的宽度、深度加大，长度上不断延伸，甚至会把几条原始裂缝溶蚀合并，形成溶蚀沟。根据测量，该地溶沟的长度一般 5～8 m，深度 1～2 m，宽度 0.1～0.5 m。溶沟一般和地下溶洞相连通。

（2）石芽：主要是由于地表水沿溶沟进一步溶蚀和切割，使残留的岩石突出地表，成为石芽。如果溶蚀作用进一步加强，就会形成石林。该区石芽的高度一般 30～50 cm。

（3）落水洞：地表水沿着原有的节理、裂缝下渗过程中，不断溶蚀，使裂缝扩大成洞，伴随着岩石崩塌，形成近于直立的洞穴。受节理、裂缝规模的影响，落水洞洞口直径差别很大，最小的直径只有 0.2 m 左右，最大的可达 1 m 以上，洞深 1～3 m。形状有圆形、椭圆形或不规则形，洞下部有淤泥，基本上与溶洞连通。

（4）溶洞：在落水洞发育过程中，地下水沿层面或裂缝横向流动，不断溶蚀，并伴随有洞顶岩石的垮塌，使落水洞相互连通形成了一个溶洞网络。该地区溶洞的直径一般 0.5～1 m，多呈倾斜状向下倾方向延伸。

（5）溶洼：由于石灰岩的成分、结构不均质，降雨会对其表面进行差异溶蚀，形成浅碟状的凹坑，呈圆形或椭圆形。该区溶洼的直径一般 20～30 cm，深度 10～30 cm。多发育在比较纯的石灰岩中。

（6）溶斗：如果溶洼的溶蚀深度加深，侧向扩大，就会形成溶斗。通常情况下，当深度小于直径时称作溶洼，深度大于直径时称作溶斗。如果深度继续加大，与下部的溶洞相互沟通，就成为落水洞。该区溶斗的直径一般 20～30 cm，深度 30～50 cm。

（7）溶蚀凹槽：降雨形成的地表水中溶解了 CO_2，溶蚀能力强，在沿石灰岩表面流动过程中使石灰岩表面形成大小不等的凹槽。该区溶蚀凹槽的深度一般 10～20 cm，宽度 20 cm 左右，长度 0.5～2.0 m。多发育在比较纯的石灰岩中。

（8）蜂窝状溶蚀：岩石表面分布着密集的细小孔、洞，洞的直径一般 2～10 mm，洞深 5～50 mm，有竖直状、倾斜状，有些相互沟通成牛鼻子状，有些沟通后呈细小的沟槽。这类溶蚀作用多分布在虫孔灰岩上，由于虫孔灰岩的结构不均一，雨水沿密集分布的虫孔渗入、溶蚀而形成。

（9）鸡爪纹状溶蚀：岩石表面溶蚀后分布着宽度 3～5 mm，长度 10～50 mm 的浅沟槽，不规则，状似鸡走过后留下的爪纹。这是由于岩石表面风化后形成比较浅的风化缝，再次被雨水溶蚀后而形成。多形成在较致密的纯石灰岩表面。

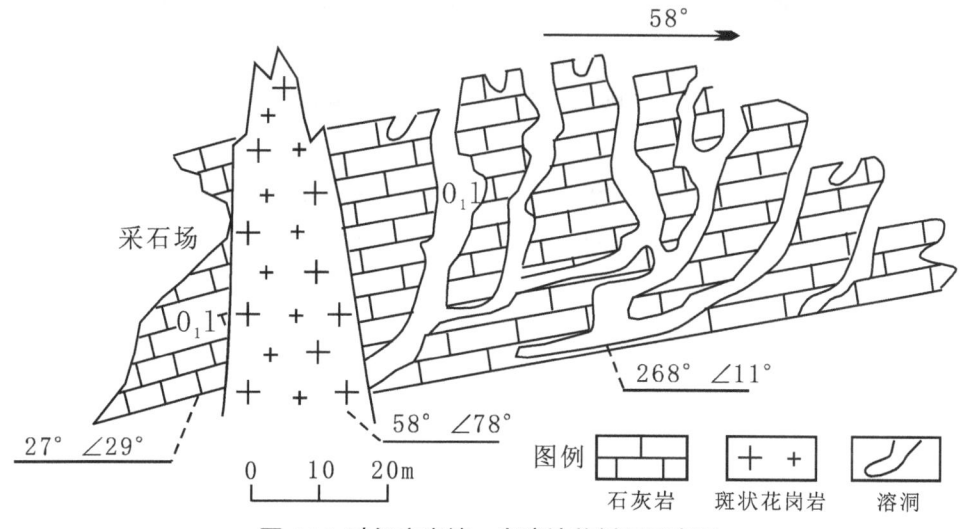

图 4-38 砂锅店岩墙、岩溶地貌剖面示意图

二、斑状花岗岩岩墙

斑状花岗岩岩墙侵入于下奥陶统亮甲山组石灰岩地层中（图4-38），宽3.5～6.0 m，走向310°，倾向40°，倾角78°。在该地段出露的长度近1000 m。斑状花岗岩呈灰白色，块状构造，局部片麻岩化，斑状结构，斑晶为正长石、石英和斜长石。斑晶含量65%左右，颗粒大小3～5 mm。表面的正长石多已风化为高岭土。由于岩墙的抗风化能力强于石灰岩，突出地面0.5～2.0 m。斑状花岗岩岩墙与祖山花岗岩岩体同源，侵入时间略滞后，为燕山运动晚期。

三、断层

岩墙在向西北延伸方向上被北东走向断层切割，断层是由30 m左右宽的断裂带组成，水流沿断裂带冲刷形成了比较宽的冲沟。该断层为北东走向左旋平移断层，断层走向40°，平移距离15 m左右。断层形成时间应晚于岩墙侵入时间，早于岩溶地貌形成时间，因为它切割了岩墙。而岩溶地貌只在断层的东盘形成，另一侧无岩溶地貌发育。

思 考 题

（1）根据实际观察结果，总结一下该处石灰岩的溶蚀特征，并按照溶蚀的难易程度对石灰岩类型排序。

（2）根据对砂锅店东山的地貌、岩石、构造、岩墙的观察，分析在该处影响岩溶地貌形成的主要因素。

（3）根据近几天的实习，总结一下，从哪些方面可以在地表判断断层的存在。

（4）详细观察，看能不能找到岩石目前还正在被溶蚀的证据。

第十二节　山羊寨—祖山古生物、构造以及侵入岩线路

地理位置：山羊寨—祖山东门沿线公路两侧。
构造位置：柳江向斜西翼。
教学内容：（1）观察燕山运动晚期侵入岩的特征；
　　　　　（2）观察接触变质作用；
　　　　　（3）观察、测量、描述背斜构造；
　　　　　（4）观察、描述溶洞、洞穴堆积和哺乳动物化石；
　　　　　（5）观察、测量岩墙。

一、山羊寨洞穴堆积、第四纪生物化石及岩墙特征

1. 山羊寨碳酸盐岩地层特征

山羊寨在构造上位于柳江向斜的西翼，主要为灰白色白云质灰岩、隐晶质灰岩、条带状灰岩和生物碎屑灰岩，中厚层状，单层厚度 0.2～3 m，属奥陶纪的碳酸盐岩。常见燧石结核和条带，结核大小 2～3 cm，条带厚度 1～2 cm。区内地层近于直立，根据测量，石灰岩地层走向 35°，倾向 305°，倾角大于 80°，局部地层倒转。明显经历过强烈的构造应力挤压，岩石破碎，裂缝发育。根据观察主要有三类裂缝，一组为张裂缝，走向 80°，近水平，垂直岩层面，密集发育，长 5～10 cm，宽 0.3～0.5 cm，宽度变化大，裂缝边缘不整齐，延伸距离短，一般不跨层，呈透镜状，中部宽，两端窄，多被方解石充填，这一组裂缝应该是平行于当时的最大主应力方向。第二组为应力释放缝，平行于岩层面或本身就是原来的岩层面，这一组垂直于当时的最大主应力。第三组是共轭剪裂缝，裂缝面平直，这一组只在局部发育，并不常见。第一组和第二组在本区发育，应该是同期形成的裂缝，是在水平压应力作用下形成的，第三组共轭剪裂缝形成时间较晚，是在局部垂向应力作用下形成的。

2. 山羊寨溶洞及洞穴堆积

山羊寨溶洞发育区位于山羊寨村南 500 m 处。发育了大小不同、形态各异的溶

洞，有水平溶洞、竖井式溶洞和裂缝状溶洞。洞穴一般是沿原来固有的裂缝溶蚀形成，洞穴的形态受裂缝形态影响。大多数溶洞被第四纪的沉积物充填，洞穴堆积的特点是：以红色、土黄色黏土为主，夹杂有石灰岩碎块和钙质结核的团块，含有哺乳动物骨骼化石。山羊寨采石场保留比较完整的溶洞位于采石场底部，为水平洞穴，洞高1.5 m左右，宽2.0 m。化石堆积数量比较多的洞穴位于采石坑的中部，为一竖井式洞穴，已被破坏，但第四纪洞穴堆积仍有保留，沉积物包括溶蚀残余黏土、重力角砾、化学沉积和地下河流砂砾石堆积等。自上而下地层岩性为：

黄色粉砂质黏土：厚度1.0 m左右，含大量钙质结核，结核直径3～5 cm。见大量哺乳动物骨骼化石碎屑。

黄色—红黄色含碎石亚黏土：厚度1.4 m左右，含小炭屑，具水平层理。

红色、黄红色含碎石黏土层：厚度1.5 m，近水平层理，含大量炭屑（大者2～3 cm），中下部夹2～4 cm厚的砂砾石透镜体，砾石成分以石灰岩岩块为主，粒径多为1～2 cm。在砂砾石透镜体及上部地层中含丰富的哺乳动物化石。在本层顶部发掘出东北斑鹿的头骨及较完整的右角化石。化石的石化程度良好，其中支骨的中空部分充填发育良好的方解石晶体，化石与其他沉积物之间无钙质胶结。

石灰岩角砾、黏土层：厚度0.5 m左右，角砾粗大，一般20～30 cm，大者可达60～70 cm，角砾间多被红黄色黏土充填。

奥陶系石灰岩：灰白色泥晶、亮晶灰岩，泥质条带灰岩。地层产状比较陡，裂隙发育。

3. 动物化石

山羊寨洞穴中保存的动物化石主要为哺乳动物化石，有阿曼鼢鼠（MyosPalax armandi）、绒鼠（Eothenomys sp.）、卞氏鼠（Mus musculus L）、罗氏高山鼠（Alticola roylei Gray）、岩松鼠（Sciurotamias sp.）、鬣狗（Crocuta sp.）、虎（Panthera tigris）、水獭（Lutra sp.）、马（Equus sp.）、东北狍（Capreolus manchuricus）、狍（Capreolus sp.）、更新獐（HydroPotes inermis）、麂子（Muntiacus sp.）、东北斑鹿（Cerous manchuricus）、黑氏上黑鹿（Cerous hilsheimeri）、鹿（Cerous sp.）、黑鹿（Cerous (Rusa) sp.）、羚羊（Gazella sp.）、短角水牛（Bubalus breoieornis）、水牛（Bubalus sp.）、翁氏麝鼩（Crocidura）、秦皇岛兔（Lepus qinhuangdaoensis sp. Nov.）等。其他还有鸟类和昆虫类，鸟类有雉（Phasianidae）等。

根据有关单位绝对年龄测定结果，这些生物群落生活的时间区间为（1.8～2.0）×10^5年，即新生代第四纪更新世。

秦皇岛山羊寨与北京周口店纬度相近，与龙骨山海拔高度又一致，而且洞穴都是背山临河，朝阳，所以山羊寨一带当时十分有利于古人类的生活。山羊寨洞穴堆积的哺乳动物化石密集，无分选，而且又破碎不完整，特别是巨大的犀牛骨骼堆积在狭窄裂隙之中，溶洞角砾堆积中又有3层碎骨屑，其中发现有个别炭粒以及疑似石器的石斧，这些都是古人类活动的线索，但是迄今为止尚未发现古人类化石及古人类遗迹，比如完整的石器、灰烬层等，需要进一步发掘、研究。

4. 岩墙

在山羊寨采石坑内见两条侵入岩岩墙，岩墙沿奥陶系石灰岩顺层侵入。南侧一条走向310°，倾向220°，倾角60°。岩脉明显由两期组成，上部厚度0.4～0.5 m为灰绿色辉绿岩，中部厚度0.3 m为细晶岩，下部厚度0.3 m为风化后的辉绿岩，上部和下部为一期侵入，中间为后一期侵入。

另一条为辉绿岩岩墙，位于北侧，灰绿色，细粒结构、辉绿结构，块状构造，厚度0.8 m，走向同地层走向一致，倾向280°，倾角85°，发育横向节理。

二、构造的观察与测量

1. 秋子峪背斜

从车厂村沿公路继续往回走，在到达秋子峪村之前2 km处，公路西侧，在石灰岩地层中发育了一个小规模的背斜，背斜的宽度25 m左右，隆起幅度10 m左右，轴向225°，东翼倾向130°，倾角30°，西翼倾向315°，倾角20°。该背斜轴面近于直立，两翼基本对称（图4-39）。背斜顶部节理发育，以走向节理为主，枢纽部位的节理密度高于两翼部位，多属于张节理。由于岩石力学性质的差异，节理一般不穿越岩层。

根据岩石观察，这套地层主要为鲕粒灰岩、隐晶质灰岩和泥灰岩，为寒武纪地层。自上而下可以划分为7层：

第一层：厚度1.5 m，灰绿色，泥灰岩，水平层理；

第二层：厚度1.0 m，灰色，石灰岩、块状构造；

第三层：厚度0.5 m，灰绿色，泥灰岩，水平层理；

第四层：厚度1.5 m，厚层块状，石灰岩；

第五层：厚度1.0 m，灰色泥灰岩，水平层理；

第六层：厚度3.0 m，鲕粒灰岩，鲕粒大小0.5～1.0 mm，鲕粒含量40%左右，灰色，厚层块状；

第七层：厚度1.0 m，灰绿色灰质泥岩，块状。节理发育，共两组，一组走向7°，近于直立；第二组走向97°，倾向97°，倾角75°。

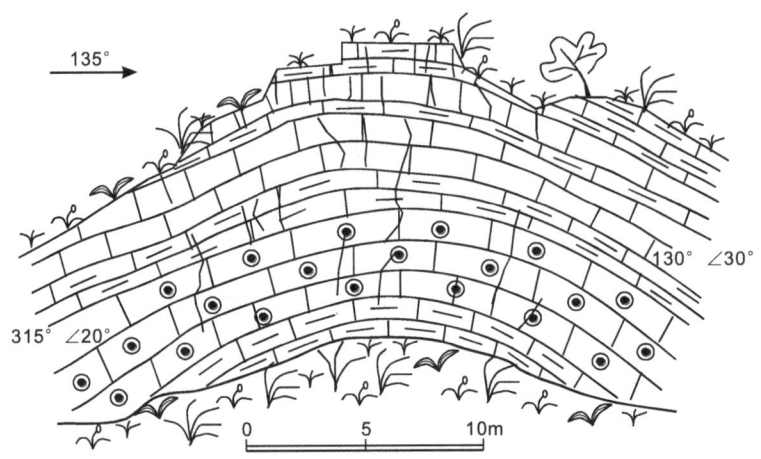

图 4-39 秋子峪背斜构造剖面示意图

2. 祖山景区停车场褶皱构造

在祖山停车场的悬崖处下部出露的是石灰岩，上部是正长斑岩，由于受岩浆侵入作用的影响，地层受到挤压，发生了变形，该处形成了一个小型背斜褶皱（图 4-40）。背斜宽 3.0 m、高 1.0 m，轴向 340° 东翼产状 30°∠47°。西翼产状 279°∠24°。

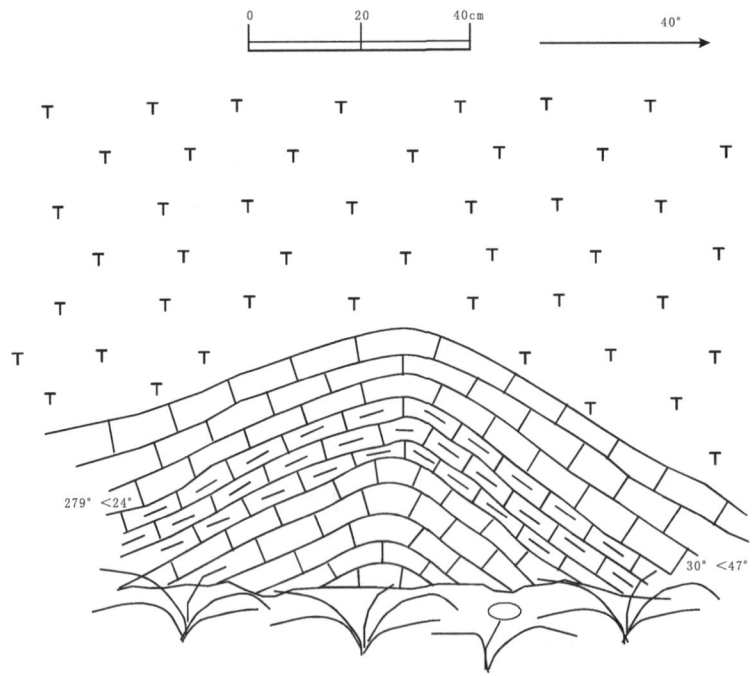

图 4-40 祖山景区停车场背斜构造剖面示意图

3. 祖山景区复背斜构造

在祖山入口路边的崖壁上可以看到上部发育厚度超过 50 m 的石灰岩，下部为块状花岗岩，石灰岩地层发生了强烈变形，形成了一个宽缓的背斜构造，在背斜构造的背景上，地层又弯曲变形，形成形态各异、大大小小的次级褶皱，背斜和向斜间互（图 4-41），成为复背斜构造。有直立、歪斜状和平卧状；有些宽缓、有些紧闭，有些地方还伴随有断裂构造。说明该地段曾经受到过强烈的水平方向挤压应力作用。

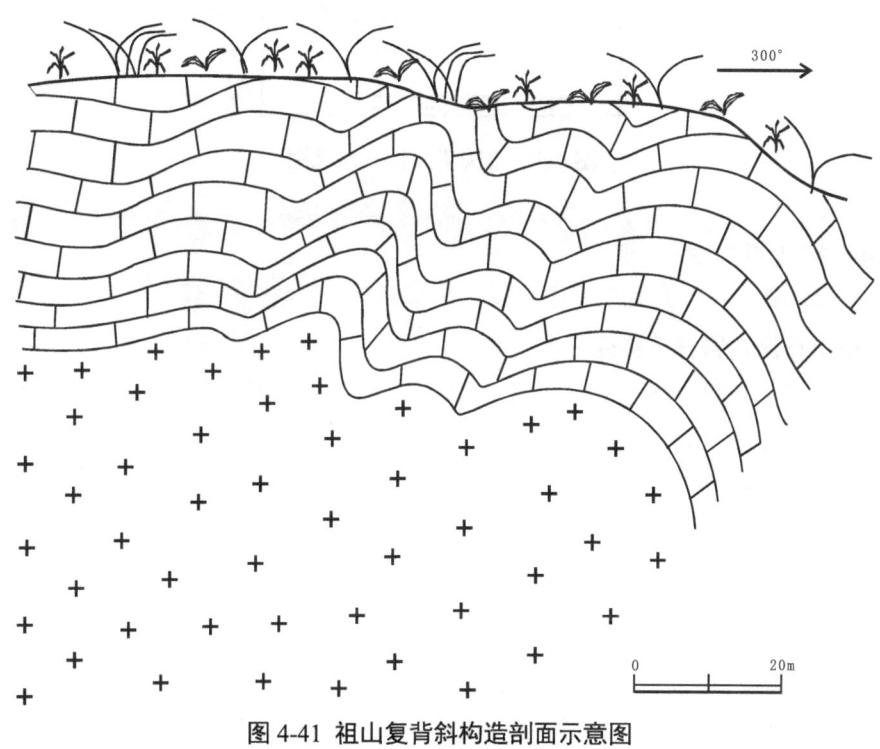

图 4-41 祖山复背斜构造剖面示意图

三、秋子峪灰质泥岩地层中的小圆货贝化石

在秋子峪背斜出露的最下部灰绿色灰质泥岩地层中分布大量小圆货贝化石（Obolellida sp.），个体大小 1～10 mm，呈卵圆形（图 4-42），两壳凸，腹壳向后方迟钝地尖缩，背壳阔圆，壳面有与轮廓一致的向后部收缩的同心圆状纹饰。几丁质壳，壳内后部无铰合。

小圆货贝属腕足动物门，大量出现在早寒武世，秋子峪的小圆货贝化石分布在中寒武统徐庄组。

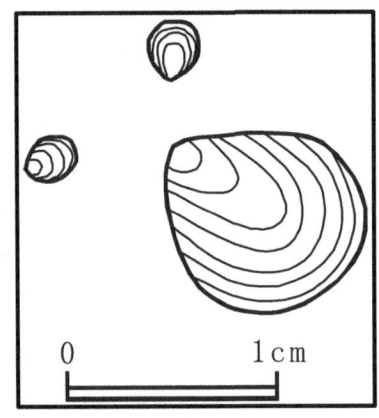

图 4-42 小圆货贝化石示意图

四、祖山花岗岩

1. 祖山花岗岩岩石学特征

祖山是燕山山脉中的一段，整个山体主要由花岗岩组成，有关单位同位素年龄测定为 120～125 Ma，相当于早白垩世；黑云母 K-Ar 法年龄为 137～145 Ma，相当于晚侏罗世。形成时间有争议，有待进一步研究确定。但根据与围岩的接触关系，以及与构造的配置关系分析，祖山花岗岩的侵入结束了柳江盆地接受沉积的历史，也形成了柳江盆地现今的构造格局。综合分析认为，祖山花岗岩应该形成于晚侏罗世末期和白垩纪早期，属于燕山运动Ⅲ幕。

祖山花岗岩岩体位于柳江盆地向斜西翼的西侧，面积约 150 km^2，为小型岩基，侵入于新太古代花岗片麻岩、早古生代寒武纪、奥陶纪以及晚古生代石炭纪地层中。该岩基具有一定的分带性（图 4-43 和图 4-44），中心部位为灰白色粗粒花岗岩，过渡相为灰白色中粒花岗岩、肉红色中细粒花岗岩，边缘相为正长斑岩；外围还零星分布一些脉状体，比如花岗斑岩岩脉等。

中心相：为灰白色粗粒花岗岩，主要成分为石英、斜长石和正长石，含量分别为 35%、38%、13%，其他为角闪石和黑云母。颗粒大小 5～10 mm，粗粒、不等粒结构，块状构造。不同部位，岩石的结构构造变化比较大，一般情况下，颗粒越粗大，晶形完好程度越高，岩石中晶洞越发育，晶洞大小 3～15 mm，形态变化比较大。角闪石矿物自形程度比较高，其他依次为黑云母、斜长石、正长石和石英。角闪石呈褐绿色，长柱状，可以看到菱形截面，平行柱面的两组完全解理，夹角 124°左右。可以看到角闪石蚀变后转换为绿泥石的现象。斜长石呈白色，板柱状，可见两组解理，一组完全，一组中等。正长石呈肉红色，短柱状，两组近直交的解理。石英呈灰白色、暗灰色，半透明状，油脂光泽，粒状，无解理，在晶洞中可见晶形比较好的锥柱状石英颗粒。黑云母呈片状，褐色，玻璃光泽。

过渡相：为灰白色中粒花岗岩、浅肉红色中细粒花岗岩。灰白色中粒花岗岩呈块状构造，石英含量35%，颗粒大小2～5 mm，斜长石含量50%，颗粒大小2～7 mm，角闪石含量10%，颗粒大小2～5 mm，另有少量其他矿物。浅肉红色中细粒花岗岩中正长石含量55%，石英含量30%，斜长石8%，角闪石5%，黑云母含量约2%，颗粒大小1～5 mm，个别颗粒可达7 mm。

边缘相：分布在岩基与围岩接触带附近，主要为正长斑岩。从祖山东门沿公路向东南行驶，在到达车厂村之前的公路转弯处，公路西侧的悬崖上可以看到侵入岩与沉积岩的接触界面，这就是祖山侵入岩体的边部，为肉红色正长斑岩，斑状结构，块状构造。斑晶主要为正长石，含量25%左右，颗粒大小2～4 mm，少量斜长石和石英斑晶，基质为似粗面结构。

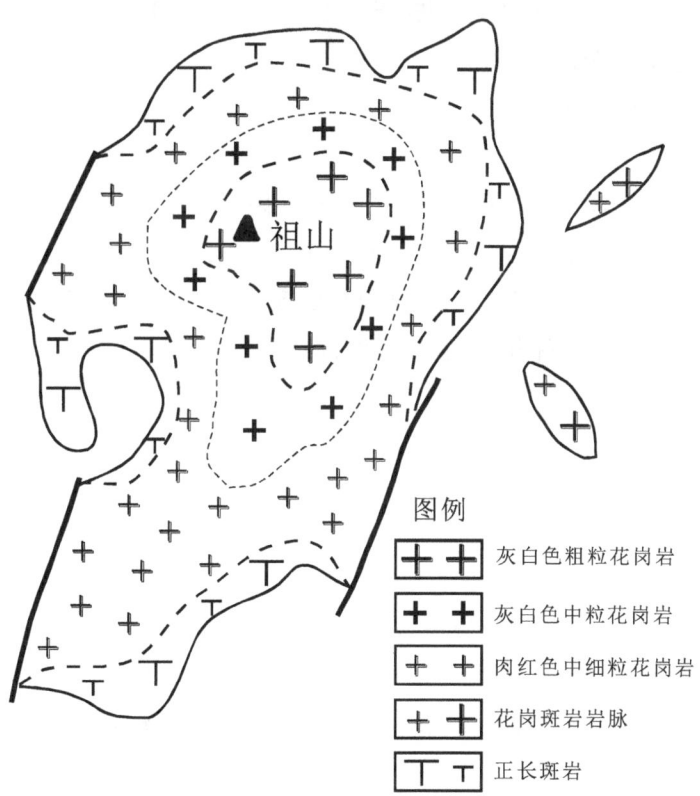

图 4-43 祖山花岗岩相带分布示意图

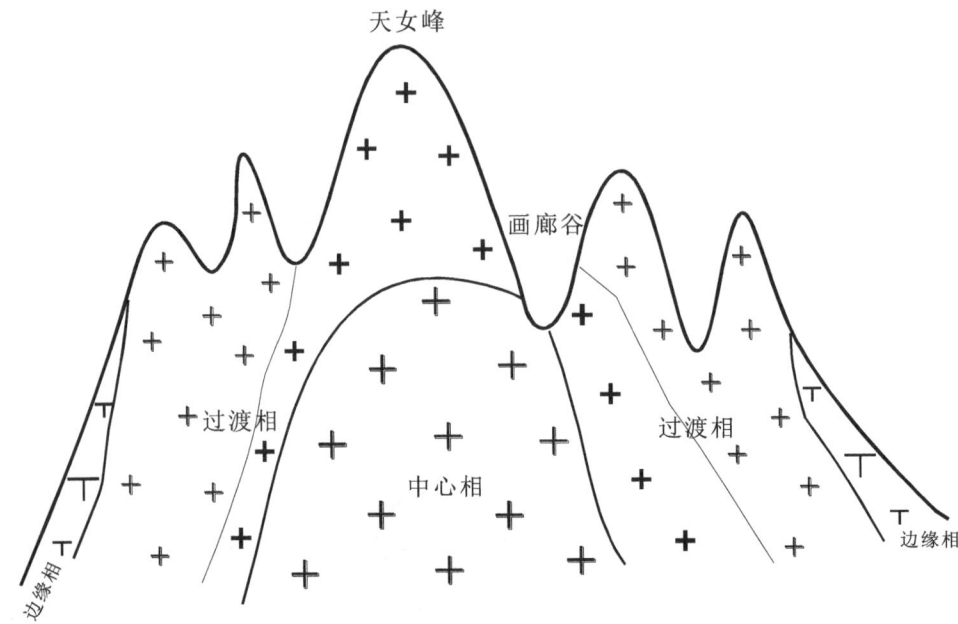

图 4-44 祖山花岗岩剖面相带分布示意图

2. 侵入作用及接触变质作用

秦皇岛地区在中生代岩浆活动剧烈，祖山花岗岩岩体侵入于上太古界花岗片麻岩和寒武系、奥陶系、石炭系地层中。在车厂村附近是侵入岩体的边缘相，正长斑岩与寒武系石灰岩、泥灰岩直接接触。在接触面附近岩石受到一定的挤压变形，并伴随一定的变质作用，形成一条宽 5～10 m 的矽卡岩带，由于该处属于浅成侵入，岩浆温度低，变质程度弱，变质范围只分布在接触面附近。矽卡岩带呈深灰色、灰绿色，条带状构造，见晕圈构造，呈微晶结构。

思 考 题

（1）根据自己的观察，总结祖山花岗岩的特征，分析为什么侵入岩体会有分带性。

（2）根据露头的观察，总结角闪石和辉石矿物的特征以及二者的鉴别方法。

（3）总结褶皱构造需要测量的参数和描述方法。

（4）根据对山羊寨地层的产状和裂缝等特征的观察与测量，分析该区地层曾经的受力状况。

（5）根据对祖山花岗岩岩体的观察，分析石英、斜长石、正长石、角闪石、黑云母等矿物的结晶顺序。

第十三节　上庄坨小傍水崖火山岩特征及河流地质作用线路

地理位置：上庄坨小傍水崖。
构造位置：柳江向斜核部。
教学内容：（1）观察、描述中侏罗统髫髻山组火山岩岩石特征；
　　　　　（2）掌握火山岩的鉴别和命名方法；
　　　　　（3）观察现代曲流河的形态特征，分析其沉积作用；
　　　　　（4）观察河流的下切作用和河流阶地。

一、上庄坨喷出岩岩石特征

中侏罗世（J_2）（燕山运动 I 幕），秦皇岛地区曾经发生了规模比较大的火山活动，上庄坨西小傍水崖地区靠近火山口，形成了以安山岩为主的火山熔岩，并夹杂有熔结集块岩、火山角砾岩和火山沉积岩。

1. 岩石类型

自小傍水崖山脚向上到山顶依次出现如下岩石类型：

（1）灰绿色辉石安山岩：视厚度 2.0 m，灰绿色，斑状结构，块状构造。斑晶含量 25% 左右，斑晶大小 1～2 mm，呈粒状，斑晶主要为辉石，另有少量的斜长石，基质为隐晶质。发育两组节理，一组走向 45°，近直立，8 条 /1 m；另一组走向 111°，倾向 201°，倾角 83°，3 条 /1 m。

（2）灰绿色辉石安山岩：视厚度 7.0 m，斑状结构，块状构造、见气孔构造。斑晶含量 30% 左右，斑晶大小 2～4 mm，斑晶为辉石和斜长石，其中辉石含量占斑晶含量的 68%，斜长石占 32%。基质为隐晶质。节理发育，节理走向 50°，倾向 320°，倾角 85°。

（3）含砾杂砂岩：视厚度 4.0 m，杂色、灰黑色，砾石直径 3～5 mm。底部见冲刷构造。

（4）细粒杂砂岩：视厚度 1.5 m，杂色，水平纹理，纹理厚度 5～10 mm。

（5）深灰色泥质粉砂岩与粉砂岩互层：视厚度 2.5 m，粉砂质泥岩中炭质含量较高，见直立的植物根茎化石和沿层面分布植物化石碎片。

（6）灰黑色粗粒杂砂岩：视厚度 0.8 m，杂基含量高，超过了 25%，主要为凝灰质，与下部岩层为冲刷接触。

（7）灰白色含砾杂砂岩：视厚度 1.0 m，杂基含量高，分选差，圆度为次棱角状、棱角状，颗粒主要为岩屑。

（8）炭质泥岩夹煤线：视厚度 1.5 m，水平纹理，纹理厚度 3～5 mm。见植物化石碎片。

（9）杂色泥质粉砂岩：视厚度 0.5 m。

（10）灰绿色安山岩：视厚度 2.0 m，斑状结构，斑晶数量较少，块状构造，节理发育，岩石比较破碎。

（11）黑色炭质泥岩：视厚度 2.0 m，夹砂岩透镜体。

（12）杂色粗粒杂砂岩：视厚度 1.0 m，杂基含量高，超过 20%，主要以凝灰质为主，颗粒成分主要为石英、长石、岩屑，见白云母。

（13）杂色细粒杂砂岩：视厚度 4.0 m。

（14）灰黑色杂砂岩互层：视厚度 9.0 m，粗砂岩、中砂岩、细砂岩互层，总体上由下向上粒度由粗变细。

（15）紫红色安山岩：视厚度 30.0 m，斑状结构，斑晶颗粒细小，含量较少，块状构造，较破碎，风化严重。

（16）熔结集块岩：视厚度 10.0 m，灰绿色，集块结构，球状构造，集块直径 30～50 cm，集块含量 60%。集块内部呈斑状结构，斑晶颗粒小，斑晶含量较少，集块为辉石安山岩。

（17）灰绿色角闪安山岩、斜长安山岩互层：视厚度 100 m 左右。一直到山顶，两种类型的岩石反复互层，斑状结构，斑晶颗粒粗大，晶形完整，基质为隐晶质，块状构造，在山顶见流纹构造和气孔构造。

2. 小傍水崖火山岩相

小傍水崖火山岩规模不是很大，但岩石类型丰富，岩相发育比较齐全。可划分出侵出相、爆发相、溢流相和火山沉积相（图 4-45）。

侵出相：位于水傍崖深坑中以及崖壁上，属负地貌，该大坑应该是当时的火山口之一。以灰绿色角闪安山为主，斑状结构，块状构造，可见纵向发育的节理。斑晶为角闪石和少量的斜长石，斑晶含量 40% 左右，颗粒直径 5～10 mm，最大可达 20 mm，颗粒大，晶形好，基质为隐晶质。侵出相的宽度 50～100 m。

爆发相：呈鸡窝状夹在溢流相中，主要分布在凹坑西侧，即火山口的西侧，为火山角砾岩和熔结集块岩。以辉石安山岩、斜长安山岩为主，斑晶含量20%～35%，斑晶颗粒较小，一般2～3 mm。集块结构、角砾结构，斑杂构造。集块体内部结构致密，集块体之间为熔岩充填，结构较疏松。

溢流相：分布最广，从山顶一直延续到山脚下。岩性主要有角闪安山岩、辉石安山岩、斜长安山岩和安山岩等，以斑状结构为主。块状构造、流纹构造和气孔构造，流纹构造和气孔构造主要发育在溢流相的顶部；块状构造多发育在下部。

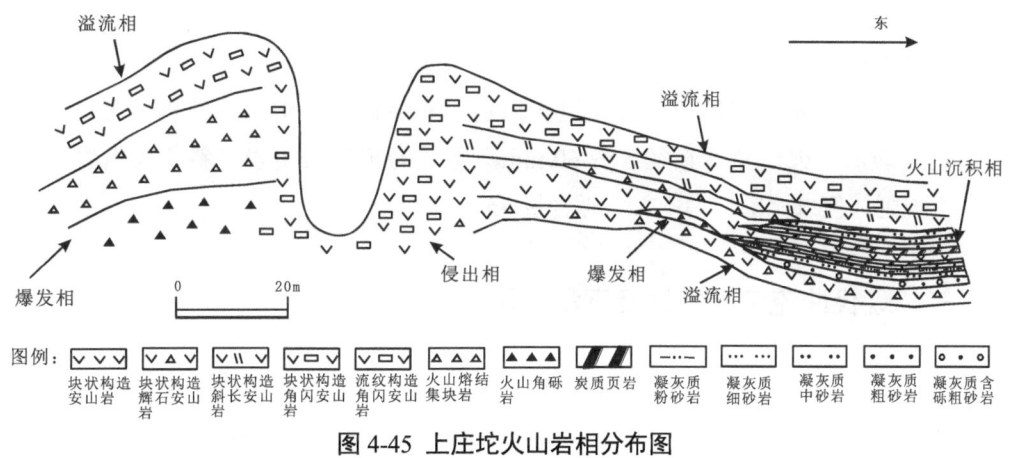

图 4-45 上庄坨火山岩相分布图

火山沉积相：主要出露在从山脚向上走15 m远的地方。位于溢流相边缘的外侧，并被溢流相穿插分割，总厚度35 m左右。主要由杂色凝灰质含砾杂砂岩、粗粒杂砂岩、泥质粉砂岩、炭质页岩和煤线构成。整体上自下而上粒度由粗变细，大致上由两个正旋回构成。砂砾岩分选差，岩屑含量高、杂基含量高，矿物成熟度低。

二、一些比较特殊的火山岩

1. 磁铁矿安山岩

从山脚去往大坑的小路上分布一宽度30 cm左右，走向北东向的磁铁矿安山岩条带。斑状结构，斑晶含量35%左右，斑晶主要为磁铁矿、赤铁矿、辉石和斜长石。磁铁矿颗粒占斑晶比例的30%，颗粒大小2～4 mm，呈粒状，少数呈不完整的晶体状，铁黑色、半金属光泽、金属光泽，有磁性，粉末可以被磁铁吸附，颜色越深磁性越强。赤铁矿占斑晶比例的40%，颗粒大小1.5～3 mm，颗粒呈粉末状集合体或包裹在磁铁矿表面，红色、暗红色。分析认为该处的赤铁矿是磁铁矿被氧化后转换而成，主要证据是赤铁矿与磁铁矿共生，有些包裹在磁铁矿的外面。辉石占斑晶比例的10%左右，粒状，一般小于2 mm。斜长石占斑晶比例的10%左右，灰白色，针状，长度一般小于1.5 mm。基质为隐晶质。

2. 熔结集块岩

熔结集块岩主要夹杂在溢流相中，在火山口西侧有集中分布。呈灰绿色，火山集块多呈椭球状、球状，直径一般100～300 mm，主要为辉石安山岩、斜长安山岩团块，集块内部为斑状结构，斑晶含量20%～35%，斑晶大小2～3 mm，斑晶主要为辉石和斜长石。集块彼此相连，集块体内部结构致密，呈球状风化。集块体之间被熔岩充填，结构较疏松。

3. 火山角砾岩

在火山口西侧下部集中分布，呈灰白色、灰绿色，火山角砾结构，斑杂构造，填隙物为玻屑。火山角砾直径5～60 mm，主要为角闪安山岩、斜长安山岩团块，形状不规则，但以椭圆形为主。角砾含量45%左右。

三、现代曲流河的侵蚀及沉积作用

由于地壳的差异升降，大石河在小傍水崖发生了三次规模比较大的下切作用，每一次下切作用，使原来的浅滩就会相对被抬高，形成河流阶地。附近发育了三个河流阶地，阶地的表面略向河道方向倾斜，陡坎明显（图4-46）。

一级阶地：高出现在的浅滩约10～20 m，高出河水面约20 m。下部由大的砾石组成，向上逐渐变细，表面为含砂的黏土层，已被农民改造为耕地。一级阶地的宽度150～250 m。

二级阶地：高出现在的河水面30～40 m。基底为喷出岩，基底上面为砾石层，向上逐渐变细，表面为亚黏土层，厚度大约1 m，已被改造为耕地。二级阶地的宽度100～200 m。

三级阶地：高出现在的河水面50～70 m。基底为喷出岩，基底上面为砾石层，砾石层厚度比较薄，向上逐渐变细，表面为亚黏土层，已被改造为耕地。三级阶地的宽度100～150 m。

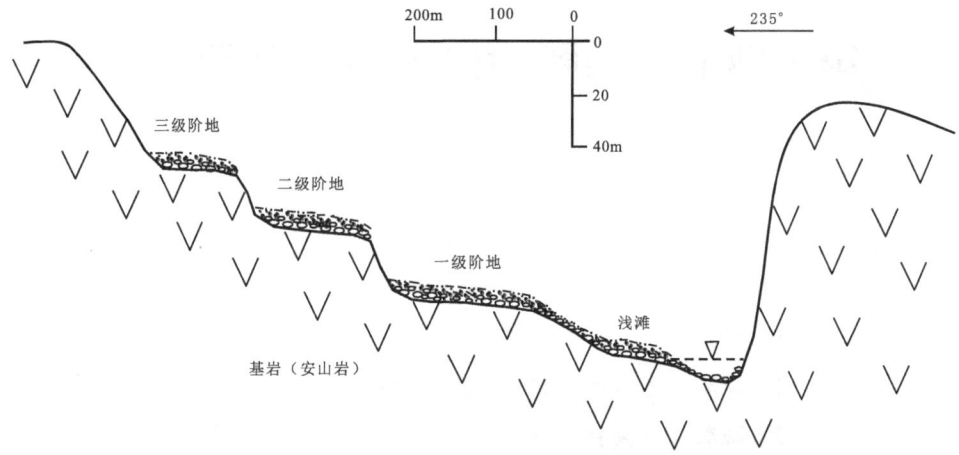

图 4-46 大石河在小傍水崖处的河流阶地示意图

思 考 题

（1）查阅资料，总结河流的分类以及不同类型河流的沉积特征。
（2）查阅资料，总结岩浆岩的结构和构造分类方法。
（3）根据露头的观察，总结小傍水崖喷出岩的岩石特征，寻找火山口可能的地点。

第十四节　马蹄岭火山岩及构造线路

地理位置：义院口马蹄岭。
构造位置：柳江向斜的核部。
教学内容：（1）观察喷出岩的岩石特征，并对岩石定名；
　　　　　（2）观察喷出岩的岩相分布，分析不同相带的岩石特征；
　　　　　（3）观察、测量背斜构造。

一、老鹰窝铁路隧道北口喷出岩岩石特征

1. 火山岩类型

辉石安山岩：深褐色、紫红色、浅紫红色，斑状结构，块状构造，致密，坚硬。斑晶主要为辉石，黑色，呈粒状，斑晶含量15%左右，斑晶大小2～5 mm，基质为玻璃质。

角闪安山岩：灰绿色、风化后呈浅褐色，斑状结构，块状构造。斑晶主要为角闪石，亮黑色，呈柱状，斑晶大小2～5 mm，斑晶含量20%左右，基质为玻璃质。

斜长安山岩：灰绿色，斑状结构，块状构造，见比较细小的气孔。斑晶主要为斜长石和角闪石，含量15%～20%，斑晶大小2～5 mm。斜长石呈灰白色，针状、柱状或针状集合体；角闪石呈柱状或粒状。基质呈玻璃质。

安山质火山角砾岩：角砾大小2～5 cm，斑杂结构，填隙物为安山质晶屑。

火山凝灰岩：灰黑色，颗粒细小，火山尘结构，风化后结构松散。

2. 火山岩岩相

该处的火山岩形成于燕山运动早期（Ⅰ幕），与上庄坨火山岩属同一期。以中性火山岩为主，火山口呈岩穹状，侵出相以辉石安山岩为主，宽度50 m左右，斑状结构，块状构造，岩石致密，坚硬，发育纵向节理。向四周依次为爆发相、溢流相，北侧剖面的相带比较明显（图4-47）。爆发相为火山角砾岩和火山凝灰岩堆积，火山角砾岩堆积在火山口附近，岩相宽度70 m左右。火山凝灰岩堆积在距火山口比较远的地方，宽度20 m左右，风化比较严重，结构松散。溢流相主要由角闪安山岩和斜长安山岩构成，斑状结构，块状构造，具有多期性，可见流纹构造和气孔构造。

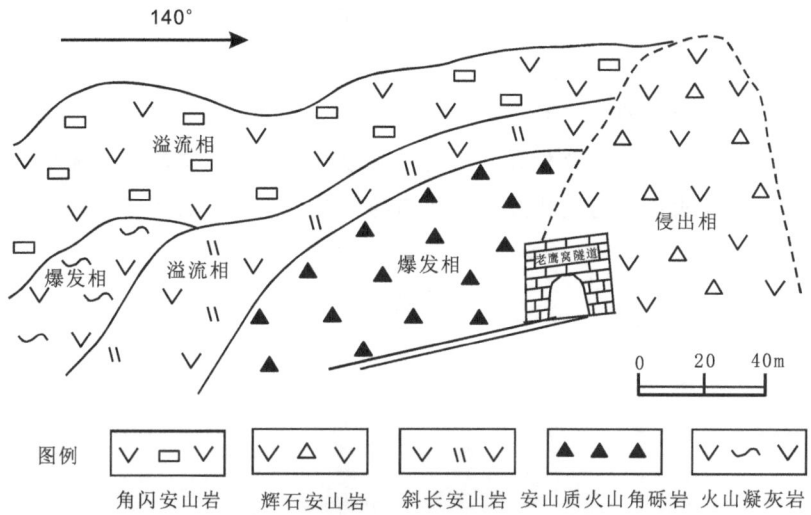

图 4-47 老鹰窝火山岩相带分布示意图

二、背斜构造

老鹰窝隧道口向北 1500 m 处，出露了一套晚古生代二叠系砂泥岩地层，呈宽缓的背斜构造，背斜轴向 70°，两翼大致对称，南翼倾向 150°，倾角 23°，北翼倾向 355°，倾角 25°（图 4-48）。上部地层为黄褐色中厚层中砂岩，厚度 5～8 m 左右，发育大量高角度的张裂缝；中间地层为粉砂岩和泥质粉砂岩，土黄色，厚度 8～10 m，风化严重，植被发育；核部为厚层粗砂岩，单层厚度 2 m 左右，总厚度 10～12 m。

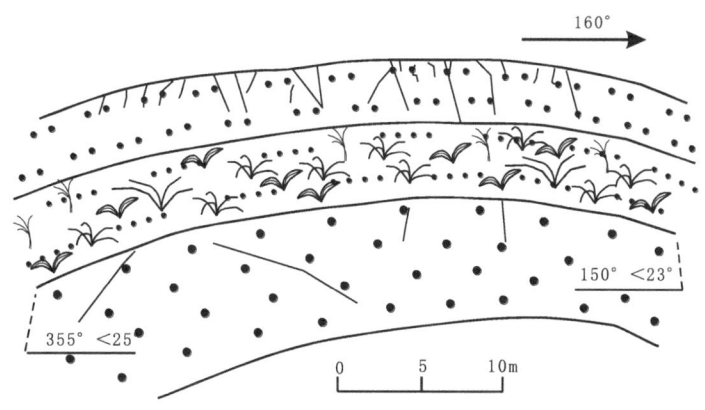

图 4-48 老鹰窝隧道口北 1500 m 处背斜构造示意图

思 考 题

（1）对比分析该处的喷出岩与上庄坨喷出岩的异同点。
（2）通过露头的观察，分析火山爆发相多形成在火山喷发的什么阶段。
（3）详细观察火山岩与周边沉积岩之间的接触关系以及沉积岩的变化。

第十五节　板厂峪火山岩岩石特征及大型石灰岩溶洞线路

地理位置：板厂峪。

构造位置：柳江向斜北端部。

教学内容：（1）观察喷出岩的岩石特征，并对岩石定名；

（2）观察喷出岩的岩相分布，分析不同相带的岩石特征；

（3）观察岩溶地质作用；

（4）观察、测量浊积岩；

（5）了解史前的生物群落。

一、火山岩岩石特征及岩相划分

晚侏罗世（J_3），即燕山运动第Ⅱ幕，该区发生了强烈的构造运动，在柳江盆地发生了大规模的岩浆侵入，同时，在北部地区也发生了规模比较大的火山喷发，板厂峪地区发育多个火山口，形成了以粗面岩为主的喷出岩，并夹杂有大量的火山角砾岩、火山凝灰岩和火山沉积岩。

1. 岩石类型

火山集块岩：浅肉红色、灰色，块状构造，火山碎屑杂乱堆积，火山集块结构。火山集块的直径10～300 mm，个体差别大，多呈不规则的棱角状，也有椭圆形的火山弹。火山碎屑的含量占岩石体积的30%～50%，最高可超过60%。火山碎屑有粗面岩岩块、石英粗面岩岩块和凝灰岩团块。碎屑和角砾之间被火山灰充填。主要分布在一线天附近。

火山角砾岩：浅肉红色，块状构造，火山角砾结构。火山角砾多呈椭球状，也有不规则的棱角状，略定向排列，角砾大小5～30 mm，含量30%～40%，主要由粗面岩构成。角砾间被熔岩充填，假流纹构造。纵向上分布不均，在某些层段上密集，某些层段上稀疏。

火山泥球凝灰岩：灰白色、浅粉色、深灰色，松散，风化严重。显示似平行层理、透镜状层理。主要有火山泥球、火山灰和少量暗色晶屑组成。火山泥球大小 3～10 mm，多为椭球状，少数呈不规则的棱角状，略呈定向排列。火山泥球的成分实际上与火山灰的成分构成一样，火山灰喷出后飘浮在空中，在一定的湿度条件下，像雨滴一样，凝结在一起，一层层增大而形成小圆球，小的如绿豆，大的如黄豆，落下后经火山灰充填固结形成火山泥球凝灰岩。有些火山泥球内部呈晕圈状。该处的火山泥球凝灰岩呈层状分布，泥球略定向排列，但并没有水流改造的痕迹，分析认为，火山灰沉降后又受到风的改造，所以颗粒多平行层面分布，并显示出一定的平行层理。晶屑主要有辉石和正长石，矿物颗粒直径一般小于 1 mm，个别可达 3 mm，含量一般小于 5%。由于基质的成分不同，颜色不同，如果正长石含量高时，呈浅粉色，如果辉石含量高时，呈灰色。这类岩石主要分布在一线天到杨来楼之间的山坡处。

火山晶屑凝灰岩：青灰色，较致密，晶屑含量一般 10%～15%，主要矿物为正长石和石英，颗粒大小 0.5～1.5 mm，正长石呈半自形晶，含量 10% 左右，石英呈粒状，含量 5% 左右，见少量的白云母和暗色矿物。分布在杨来楼山顶处。

浅棕色粗面岩：浅棕色、浅褐色，块状构造，斑状结构。斑晶主要为正长石、角闪石和少量的石榴石。斑晶含量 10%～15%，粒径 1～3 mm。正长石斑晶为浅肉红色，呈粒状、短柱状，含量 5%～8%；角闪石呈带绿的褐色，长柱状、粒状，含量小于 5%；见少量的石榴石，黄褐色，断口不平，油脂光泽，粒状，可以看到晶面。另外也可见少量的石英颗粒。基质为浅棕色，呈微晶状，主要以正长石为主。这类岩石主要分布在石筒峡火山颈部位。

灰绿色、灰黑色粗安岩：深灰色、灰绿色、灰黑色，块状构造，斑状结构，断面粗糙，具粗面结构。斑晶有正长石、斜长石以及辉石和石榴石。正长石颗粒 1～3 mm，有长板状、长柱状、短柱状和粒状，含量 15%～20%；斜长石呈柱状，白色，含量 5%～10%；辉石粒径一般小于 1.5 mm，含量 8%～10%；石榴石呈褐色，断口油脂光泽，断口不平，菱面体，粒径 1～2 mm，含量 5%～8%；部分样品中见石英颗粒。基质呈灰绿色、灰黑色，呈微晶状，主要以暗色矿物为主。随着岩石颜色的变深，辉石含量增加，颜色变浅，正长石、石英、斜长石含量增加。这类岩石主要分布在石筒峡火山颈的最顶部，柱状节理发育。

杂色流动构造石英粗面岩：灰褐色、灰绿色、灰红色、杂色。块状构造、气孔构造，气孔直径 1～3 mm。斑状结构。宏观上可见流动构造，是由不同颜色的条纹呈现出来。斑晶主要为正长石、石英和角闪石，斑晶颗粒 1～3 mm，含量 40% 左右。其中，正长石斑晶含量 20%～30%，浅肉红色，半自形粒状；石英含量小于 5%，粒状，断口油脂光泽，半透明；角闪石含量小于 5%，呈粒状，黑色，粒径小于 1 mm；石榴石含量一般小于 5%，黄褐色，断口油脂光泽，放大镜下可以看到多个晶面。这类岩石主要分布在老虎洞的北侧。

流纹构造粗面岩：紫红色，流纹构造，气孔构造，斑状结构。斑晶主要为正长石和少量的暗色矿物以及石英。正长石斑晶呈浅肉红色，颗粒大小 3～6 mm，定向排列。气孔发育，气孔直径一般 5～10 mm，最大可达 50 mm，被流动的熔岩拉长，呈扁平状。岩石中含有大量的凝灰质团块，呈球状、椭球状、长条状，大小 3～10 mm，略呈定向排列，凝灰质团块多为暗红色，大部分内部无结构，有些呈晕圈状。基质呈玻璃质，颜色有暗红色、灰色。分布在公园南门进山的水泥路旁的断崖处。

暗红色块状粗面岩：暗红色，块状构造，断面粗糙，斑状结构。斑晶主要为正长石和少量的角闪石以及石英。其中正长石斑晶含量 15% 左右，颗粒大小 1～2 mm，半自形粒状结构；角闪石和石英颗粒一般小于 1 mm，含量低于 5%。岩石中含有大量球状、椭球状凝灰质团块，呈浅棕色、暗红色，约占岩石体积的 20%，粒径大小 3～7 mm。分析认为凝灰质团块是在熔岩形成时，空中飘浮的火山灰在一定的湿度条件下，凝结在一起，飘落到正在流动的熔岩中，在高温烘烤下有些凝灰质团块有晕圈分布。

浅肉红色石英正长斑岩：浅肉红色，块状构造，斑状结构。斑晶含量 50% 左右，其中正长石含量 20%～30%，石英含量 10%～15%，其他有少量的暗色矿物。斑晶颗粒直径 2～3 mm。石英呈粒状，油脂光泽，半透明；正长石呈半自形板状，浅肉红色；暗色矿物粒径一般小于 1 mm。基质呈微晶状。见微小的晶洞构造。这类岩石主要分布在板厂峪景区第一道山梁上（南门进入景区，步行上山的第一道山梁）。

凝灰质砾岩：杂色，块状构造、递变层理、底部发育冲刷构造。分选差、磨圆程度低，多为棱角状、次棱角状。颗粒的矿物成分主要为岩屑和凝灰质团块，杂基含量 20%～30%。砾石直径一般 3～8 mm，最大可达 20 mm。砾岩厚度一般 20～30 cm。分布在南门进山的水泥路旁的断崖处，夹在粗面岩之间。

凝灰质含砾砂岩：杂色，块状构造，递变层理，平行层理。矿物成分主要为长石和岩屑以及少量的石英。分选差，颗粒呈次棱角状，杂基含量 10%～20%。厚度 20～30 cm。分布在凝灰质砾岩上面。

凝灰质中、粗粒砂岩：杂色、灰色，矿物成分主要为长石、岩屑和石英。分选差，磨圆程度低。厚度 10～20 cm。发育平行层理，波纹层理等。分布在凝灰质含砾砂岩上面。

灰色块状粉砂质泥岩：灰色，块状，厚度10～30 cm左右，夹在厚层凝灰质砂岩和凝灰质砾岩中间。

2. 板厂峪火山岩相

根据岩石类型观察，板厂峪火山岩是由于中酸性岩浆喷发形成，形成于晚侏罗世，即燕山运动第Ⅱ幕时期，与祖山花岗岩应该为同源。有多个火山口，一处位于石硐峡，是主火山口，呈东西向带状分布，规模较大，另一处位于老虎洞，规模较小，属于寄生颈。板厂峪的火山岩相发育齐全，根据岩石特征可以划分出次火山岩相、火山颈相、侵出相、溢流相、爆发相和火山沉积相（图4-49）。

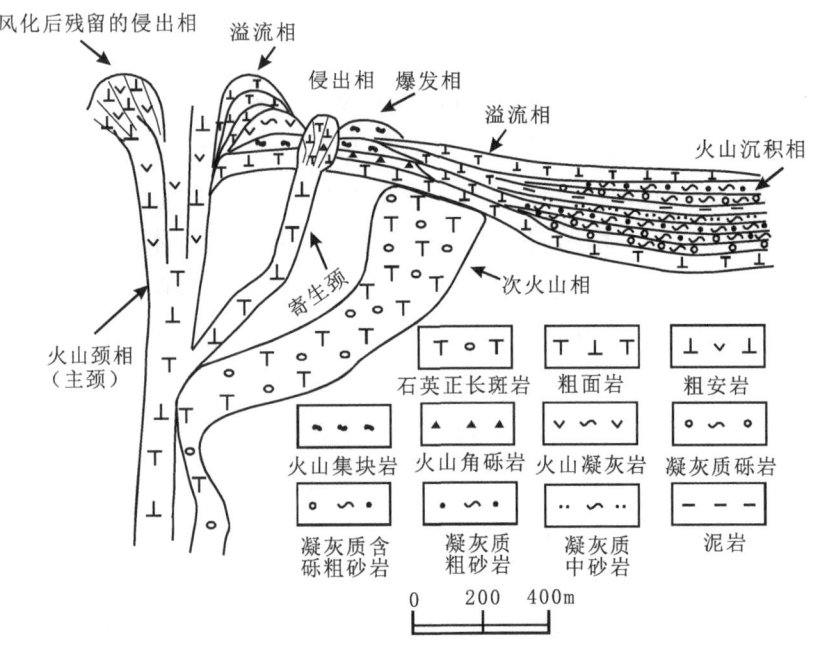

图 4-49 板厂峪火山岩相分布示意图

次火山岩相：主要分布在板厂峪酒店北侧100 m处的山梁上。为浅肉红色石英正长斑岩，块状构造，斑状、似斑状结构。表面风化严重，长石风化成松散的高岭土。发育两组高角度节理，一组走向270°，倾向180°，倾角70°，另一组走向235°，倾向145°，倾角85°。

火山颈相：两处的火山颈相特征都比较明显。石硐峡火山口大致上是沿东西向延伸，长度1000 m左右，宽度50～100 m左右，是一处火山口带，主颈在石硐峡东出口处，现在是一个直径200 m的圆形深凹坑。岩性主要为灰绿色粗安岩、浅棕色粗面岩。纵向上分带明显，上部为灰绿色、灰黑色粗安岩，柱状节理，节理间距10～50 cm，延伸深度30 m。主要有三组，一组走向220°，倾向130°，倾角85°；

另一组走向150°，倾向60°，倾角70°；第三组走向220°，倾向310°，倾角82°。下部为浅棕色粗面岩，块状构造，节理不发育。上部岩相形成时间略早于下部，在接触带上部的灰绿色粗安岩明显存在被烘烤现象，有烘烤晕。

老虎洞火山颈的规模较小，为寄生颈，岩性为浅肉红色石英粗面岩。斑晶含量40%～50%，斑晶主要为正长石和石英，其中正长石含量30%左右，石英含量10%左右，斑晶大小1～3 mm。岩石破碎，节理发育，7条/30 cm。节理走向175°，倾向85°，倾角80°。由于节理比较发育，比较容易开凿，所以老虎洞、闭关洞都分布在这一岩相中。

侵出相：分布在老虎洞北侧15 m处。岩性为杂色石英粗面岩，块状构造、流动构造、气孔构造，气孔直径1～3 mm，斑状结构。见角岩和矿物捕虏体。地貌外形上呈丘状分布。石笋峡火山口的侵出相已被风化掉，现在是负地貌，但在火山口的两侧残留有少量的侵出相，发育放射状节理。

溢流相：主要分布在板厂峪景区的南部，以流动构造粗面岩和块状构造粗面岩为主。发育流纹构造，流动构造、气孔构造和块状构造，斑状结构。斑晶主要为正长石和少量的暗色矿物以及石英。岩石中含有大量的凝灰质团块，呈球状、椭球状、长条状，大小3～10 mm，略呈定向排列，凝灰质团块多为暗红色，大部分内部无结构，有些具有晕圈状结构。基质呈玻璃质，基质颜色有暗红色、灰色，呈流纹状条带分布。

爆发相：板厂峪火山岩的爆发相比较发育，厚度大，面积广，这可能与岩浆黏度大，能量强有关。主要分布在山顶仙人桥、一线天到杨来楼一带。爆发相的产物主要为火山集块、火山角砾、火山弹、火山尘、火山灰等。岩石类型有火山集块岩、火山角砾岩、火山凝灰岩，主要为集块结构、火山角砾结构和似层状结构。

火山沉积相：从板厂峪景区南门进入后，看完灵仙洞，沿水泥路进入山区，在到达山脚下停车场前的水泥路边的悬崖上可以看到火山熔岩中间夹了一套厚度30 m左右的火山沉积岩，主要岩性为凝灰质砾岩、含砾砂岩、中粗粒砂岩和灰色块状粉砂质泥岩。发育冲刷构造、正递变层理、平行层理、波纹层理和水平层理。分析认为属于小湖盆浊积岩沉积，可以识别出3～5个不完整的鲍马序列。

二、浊积岩

在火山溢流相的边缘发育了一套沉积岩，以砾岩、含砾砂岩、粗粒杂砂岩和中粒杂砂岩为主。杂基含量高，杂基主要为凝灰质。这一套沉积岩发育鲍马序列，有些层段的鲍马序列完整，有些层段不完整（图4-50）。其中一段可以识别出两套鲍马序列，自下而上依次为侵蚀面、递变层理凝灰质砾岩、平行层理凝灰质含砾砂岩、侵蚀面、递变层理凝灰质砾岩、平行层理凝灰质含砾砂岩、波纹层理杂色中粗粒砂岩、水平层理杂色中砂岩、块状泥质砂岩。

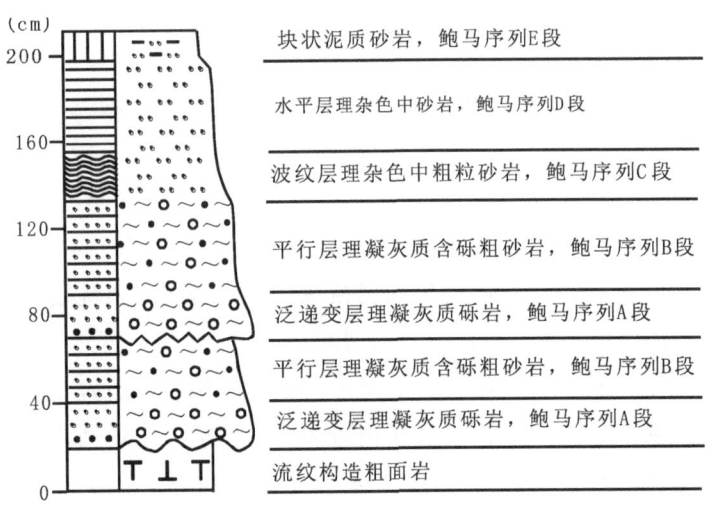

图4-50 板厂峪火山沉积岩中的鲍马序列

三、板厂峪碳酸盐岩溶蚀作用及溶洞构造

板厂峪景区南部奥陶系灰岩中发育一大型溶洞，即著名的灵仙洞。

灵仙洞整体走向200°，洞长100 m左右，洞宽3～5 m，洞呈弯曲状延伸，洞中潮湿，洞顶渗水。进洞后多处分叉，主洞走向210°，侧洞走向180°，洞壁为石灰岩，深灰色，洞底见大量淤泥，洞内发育大量裂缝。从洞口进入80 m左右，见大厅，大厅高3.0 m，长11 m，宽4.5 m，大致呈月牙形。顶部见小型钟乳石，呈倒锥状，长5 cm，根部直径2 cm，端部直径小于1 cm，由泥和石灰花构成。洞壁见水流横向流动的冲蚀痕迹，凹槽宽度0.5 m，高0.7 m。凹槽内见横向冲蚀纹，平行排列，间隔2 cm左右，冲蚀纹倾向240°，倾角5°，说明洞内曾经有暗河流动。也见纵向冲沟，纵向冲沟宽5～10 cm，深5～10 cm，呈凹槽状，平行排列，间隔3～10 cm，长度0.6 m左右。

进入洞内60 m，见落水洞，直径约4 m，洞所在位置走向235°。洞顶见钟乳石，黄白色，呈倒锥状，锥长2～5 cm，直径0.5～1 cm，呈同心圆状，外围稀疏，表面2 mm的薄层，灰白色，中部颜色较深，较致密。洞内石灰岩青灰色，地层走向

230°，倾向 320°，倾角 85°。中厚层石灰岩与薄层泥灰岩互层，发育水平层理。

四、斑鬣狗化石

中科院古脊椎动物与人类研究所于 2003 年开始对灵仙洞进行发掘，至今已有大量的斑鬣狗化石被出土，其中发现了迄今为止全世界保存最完整的斑鬣狗头骨化石。斑鬣狗（Crocuta）是食肉目鬣狗科成员，斑鬣狗身长 950～1600 mm，尾长 250～360 mm，体重 40～86 kg，下颌骨强大，上颌犬齿不发达，群体生活。在史前分布比较广泛，也是我国常见的史前动物，而现在分布基本限于非洲。灵仙洞中的斑鬣狗化石形成于 1.1 万年前（据板厂峪景区资料）。根据一些研究成果，在周口店地区，斑鬣狗长期与北京猿人争夺洞穴和猎物。灵仙洞的地理环境和特点与北京周口店极其相似，其周边是否也有古人类的生活遗址，需要进一步发掘验证。

五、风化地质作用

1. 倒石锥

倒石锥是物理风化的产物。物理风化作用形成的岩块和岩屑从比较陡峭的岩壁上崩落下来，在重力作用下沿山坡滚落到比较缓的坡脚处堆积。由于崩积物只作了短距离的移动，通常成棱角状，大小混杂堆积。倒石锥的形态呈上尖下宽的锥状体，平面上呈三角形，上部岩块小下部岩块粗大。岩块的成分与山坡上的基岩一致。

由于板厂峪火山岩纵向节理发育，在物理风化作用下形成大量的倒石锥。随着倒石锥的不断堆积，会逐渐失去稳定状态，在洪水作用下容易形成泥石流，毁坏道路、村庄和植被。因此在倒石锥发育地区要注意监测，加强治理，防止地质灾害的产生。

2. 冰劈作用

在岩石节理发育的地区，充填在节理里的水结冰，体积膨胀，作用于岩石，使裂隙变宽变大（实验证明，当水结成冰后，体积会扩大 9.2%）。经过反复的溶解和结冰过程，再加上其他的风化作用，裂隙就会越来越大，直至有一天岩石就会突然开裂，岩块从大的岩体上脱落。这种风化作用，叫作冰劈作用。

正是由于冰劈作用，使一个个岩块从岩体上脱落，堆积在山谷中，最终形成大面积、不规则棱角状岩石堆积的岩石滩，称作"石海"。这些岩石堆中，岩石的块体大小混杂，相差悬殊。

板厂峪地区有两处规模比较大的冰劈岩石滩，即大石海和小石海。

板厂峪地区地质历史时期是否发生过冰川作用，需要通过深入考察，寻找更多的证据。

思 考 题

（1）根据观察结果，分析秦皇岛地区的溶洞和岩溶地貌主要发育在哪个时代的地层中。

（2）对比分析板厂峪火山岩与上庄坨火山岩的异同。

（3）分析火山岩中的柱状节理成因。

（4）总结板厂峪火山地貌的特征。

（5）分析火山岩地貌的旅游开发价值，国内有哪些景区是以火山岩地貌为主体开发的？

第十六节　山东堡—燕山大学现代滨海沉积作用及风化作用线路

地理位置：山东堡海滩—燕山大学西校区西外环小树林。
构造位置：柳江盆地外围，燕山隆起与渤海湾凹陷过渡带上。
教学内容：（1）观察现代沙质海岸地貌特征；
　　　　　（2）观察、描述现代滨海沉积作用；
　　　　　（3）观察、描述第四纪风化壳。

一、现代滨海地貌与沉积作用

山东堡海滩宽阔、平坦、沙质细腻、纯净、波浪平稳，是天然的优质浴场。虽然海滩受人工改造和工程施工等因素的影响比较严重，但滨海沉积的一些现象和特征仍然比较明显（图 4-51）。可以完整地看到滨岸风成沙丘、后滨，退潮后也可以看到完整的前滨。

1. 滨岸风成沙丘

一般高出沙滩 1.5～2.5 m，宽 5～10 m。由于长期裸露，表面大部分已被植被覆盖，但在沙丘边缘仍能看到风化作用的痕迹。主要为细沙、中沙，见粗沙和介壳等海洋生物碎屑。风成沙的表面分布一系列新月形沙波纹，波纹高度 0.5～0.8 cm，波长 15～30 cm，横向长度 10～20 cm，横向上孤立分布或与相邻的新月形波纹相连。迎风坡宽缓，10～28 cm，坡度 3°左右；背风坡陡，宽度 1～2 cm，坡度 10～40°。迎风坡风速大，粒度粗，以粗沙、中沙为主，背风坡和波谷风速小，以细沙为主。风成沙丘中粉沙含量比较少，因为海滩上的风力比较大，往往被吹到了海里面或陆地上。根据观察，当风速比较大时，细小颗粒呈悬浮状迁移，颗粒越细小，悬浮迁移的距离越远。较大的颗粒一般以跳跃式随风迁移，粗颗粒以滚动形式沿沙丘表面迁移，迎风坡风速大，颗粒顺迎风坡向上滚动，当波峰比较陡时，失去稳定性，向背风坡滑塌，沙波纹不断迁移，在内部形成风成交错层理。

2. 后滨

地势平坦，宽度 10～15 m，后滨主要由海滩脊组成。长期暴露在海面以上，受风的改造，只有特大潮时部分被海水淹没。海滩脊堆积是潮汐搬运来的砾石沿高潮线堆积形成的，海滩脊宽度 30 cm 左右，主要由砾、粗砂和海洋生物碎屑构成。石英含量 50%，正长石含量 28%，斜长石含量 9%，贝壳碎片含量 7%，岩屑含量 6%，颗粒呈次棱角和次圆状，分选差，内部多呈块状构造。

环境	前滨		后滨	滨岸风成沙丘
	下前滨	上前滨		
宽度	3～10 m	8～13 m	10～15 m	5～10 m
地貌特征	平坦 <3°	坡度大 5～10°	平坦 3°～5°	变化大 10°～45°
水动力方式	碎浪	冲浪	风暴浪与风移	风移
能量	较高	高	高	中等
沉积作用	加积	退积或进积	加积	加积
沉积物	中沙、细沙、介壳	粗沙、中沙，见砾	砾、粗沙、介壳	粉沙、细沙、中沙
沙床特征	浪成不对称波痕	表面光滑	沙脊垄	新月形沙波纹
沉积构造	波状交错层理	冲洗交错层理	块状	风成交错层理

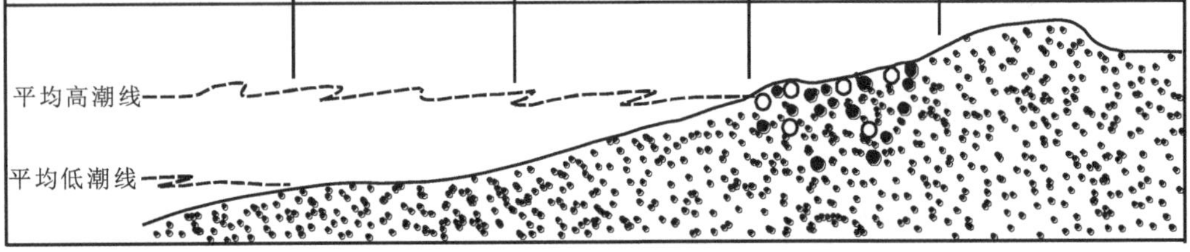

图 4-51 秦皇岛山东堡海滩环境相带分布示意图

3. 前滨

宽度 10～20 m，坡度 2°～10°。上前滨和下前滨坡降不同，水流机制不同，沉积方式不同。

上前滨的坡度 5°～10°，宽度 8～13 m。沉积物主要为细沙、中沙、粗沙，见砾；矿物成分中石英含量 88%，长石含量 5%，黑云母和白云母含量 3%，其他暗色矿物含量 4%，几乎不含泥。颗粒磨圆度为次圆到圆状，分选好。海水以冲浪的形式向陆地方向上冲流，流速 0.613 m/s，随着坡度的增加，流速降低，把粒度大于 2 mm 的砾推到波浪每次能够达到的最高边界。波浪的回流速度 0.460 m/s，回流时把沙滩表面部分细碎屑颗粒重新向海方向带回，但是最粗的颗粒一般留在波浪能达到的最远边界处。由于海水的反复淘洗，颗粒的磨圆度不断提高，泥质随海水被带到远洋，泥质含量逐渐减低，前滨沙滩变得极为纯净，分选好。上前滨坡度比较大，波浪呈冲流的形式流动，沉积表面比较光滑，并没有留下典型的沉积构造，偶见回流的细小冲沟。

在前滨开挖观察槽，可以观察到上前滨内部的沉积构造、粒序和颜色的变化特征。观察槽是顺斜坡方向开挖，长度 1 m，宽度 0.5 m，深度 0.5 m。沉积物的颜色由深浅反复交替，是不同季节沉积的结果，可能的情况是冬季沉积物颜色浅，夏季沉积物颜色深。粒序上是由粗细韵律反复交替，是大潮和小潮交替的结果，大潮把粗粒带到更加靠陆地一侧，前滨处沉积物较细，小潮在前滨处沉积物较粗。沉积构造为冲洗交错层理（图 4-52），纹层厚度 3～10 cm，纹层倾角 5°～15°。

下前滨宽度 3～10 m，坡度一般小于 3°。属于前滨与上临滨之间的过渡带，靠近低潮线附近，地势平坦，以细沙、中沙沉积为主，发育不对称的浪成波痕，波长 10～20 cm。波峰处为中砂，波谷处为细砂。内部多发育波状交错层理和波纹层理。

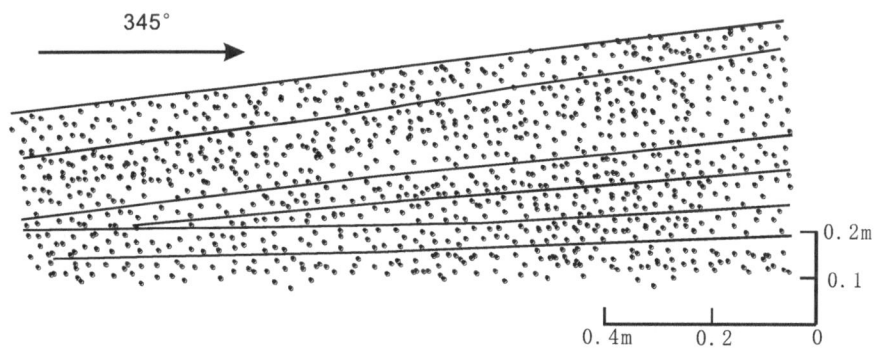

图 4-52 现代海滩内部冲洗交错层理示意图

上前滨水动力较强，生物化石较少，见比较多的生物介壳碎屑，发育的生物潜穴较浅，穴壁粗糙，有倾斜的，也有竖直的，潜穴直径 3～5 mm，深度 5～10 cm，15 个 /m³。下前滨有较多的生物潜穴，潜穴直径为 3～7 mm，深度 5～15 cm，以倾斜的为主，71 个 /m³。

二、第四纪风化壳

风化作用是指在地表环境，由于气温变化、气体、水和水溶液的作用以及生物活动等因素影响，使岩石在原地遭受破坏的过程。风化作用引起矿物、岩石在物理状态或化学组分上发生变化，表现为崩塌、分解，甚至形成新矿物，组成与原来岩石有着差异的新物质组合。

按照风化作用的方式可划分为三种类型：第一，物理风化作用，是气温等自然因素的变化，使岩石发生崩解的作用；第二，化学风化作用，是在水、水溶液以及各种气体的作用下，引起矿物和岩石的化学性质发生变化的作用；第三，生物风化作用，是由生物的生命活动导致的岩石和矿物的机械和化学的破坏作用。岩石通常不会单纯遭受一种风化作用的影响，多数情况下是在几种风化作用相互促进下进行的，要严格区分它们的界限是困难的。但在不同的岩性、气候和地形条件下，它们在风化作用的速度和强度上是有差别的。

秦皇岛地区渤海湾沿线的基底基本上是以上太古界花岗片麻岩为主，表层的土壤层是风化层、冲积层和河流淤积层。在西外环燕山大学立交桥附近西侧的陡坎上可以观察到风化壳比较完整的结构。

风化壳自上而下划分为四层（图 4-53）：

土壤层：属于风化壳的表层，厚度 0.3～0.5 m。土黄色、暗灰色、灰褐色，主要由风化后的黏土和腐殖质组成。松散堆积，植物根系发达，用手捻基本上可以成为粉末状。底界面的深度受地表的起伏、裂缝和植物根系等因素影响。

残积层：位于土壤层之下，厚度 0.3～0.4 m。红色、红褐色，主要由风化后的黏土和残留的石英颗粒组成。结构比较疏松，用手捻后能感受到最后会留下一些石英颗粒，颗粒直径 0.5～2.0 mm，呈棱角状、次棱角状。植物的根系能够深入到该层段。底界面高低起伏，主要受岩石的性质、裂缝发育程度和地表植物根系等因素的影响。

半风化层：位于基岩的上部，厚度 1.0～1.5 m。黄褐色、灰黄色，主要由正长石、斜长石风化后的高岭土、残留的正长石、斜长石、黑云母和石英颗粒组成。保留了花岗片麻岩的结构和构造特征，但结构疏松，敲击易碎。随着深度的增加，风化程度减弱，逐渐过渡为花岗片麻岩。内部残留一些耐风化的花岗伟晶岩岩脉条带，岩脉宽度 5 m 左右，走向 70°，岩脉中石英含量 40%，斜长石含量 30%，正长石含量 20%。晶体颗粒 1～4 cm。

基岩：通过挖槽，可以看到基岩，也可以到燕山大学西校区的塔山观察基岩。基岩为花岗片麻岩，片麻状构造，块状构造。石英含量 32%，斜长石含量 40%，正长石含量 15%，角闪石含量 8%，黑云母含量 5%。被多条花岗伟晶岩、石英伟晶岩岩脉侵入、穿插。

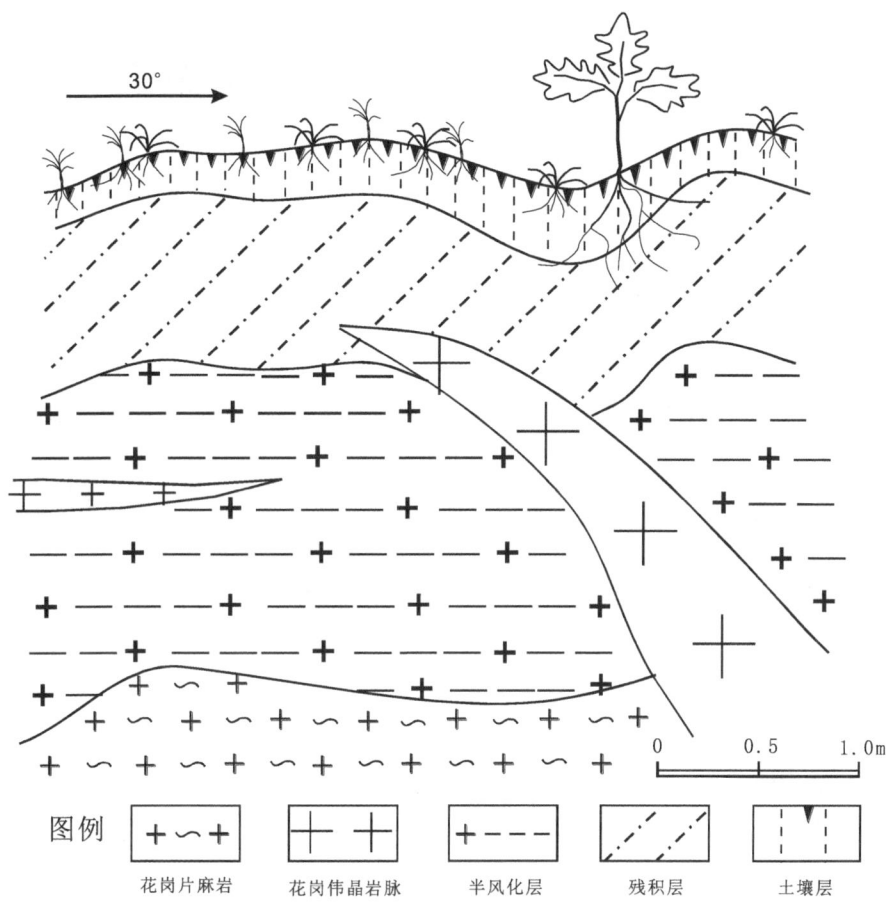

图 4-53 花岗片麻岩基底风化壳特征

思 考 题

（1）滨海环境划分为几种类型，秦皇岛地区有几种类型？
（2）总结海洋的地质作用。
（3）总结波浪的运动规律。
（4）总结研究风化壳的地质意义。
（5）查阅资料，总结风化壳与成矿作用的关系。

第十七节　鸽子窝现代三角洲沉积作用及海岸地貌线路

地理位置：北戴河鸽子窝。

构造位置：柳江盆地外围，燕山隆起与渤海湾凹陷过渡带上。

教学内容：（1）考察现代三角洲沉积作用及特征；

　　　　　（2）观察海岸地貌和海洋地质作用；

　　　　　（3）观察上太古界花岗片麻岩及伟晶岩岩脉的特征；

　　　　　（4）观察裂缝特征，掌握裂缝的测量、描述方法，分析裂缝的成因。

一、赤土河现代三角洲特征

1. 三角洲特征

赤土河（新河）发源于北部山区，是一条小型河流，由于人工改造，河道规模、河口三角洲的面积越来越小，但河流三角洲的形态特征仍比较明显。河口呈不规则的菱形状，入海口处宽50 m左右，喇叭口最宽处2000 m，退潮后露出水面的面积$1.0 \sim 1.6 \ km^2$。三角洲的南侧堤岸为上太古界花岗片麻岩和伟晶岩基岩，北侧堤岸为滨海沙坝。赤土河常年流量较小，碎屑物供应能力低。由于人工改造，赤土河三角洲被限制在一个比较狭窄的范围内，入海口前端建立了人工防潮闸，三角洲平原不太发育，但三角洲的一些特征仍可以分辨出来。

从外形上看，赤土河三角洲属于比较典型的鸟嘴状三角洲，三角洲平原上有一条主河道，当潮水退到最低位时，在水线附近有4到5条水下分流河道，分流河道前端分布一些透镜状或新月形的河口沙坝。由于波浪的改造，三角洲的两侧分布了一系列的沿岸沙坝。

站在鹰角亭可以观察到三角洲平原上的分流河道、分流间。退潮后也能够观察到三角洲前缘的水下分流河道、河口沙坝微相和沿岸沙坝。

（1）三角洲平原

位于高潮线以上，地势平坦，发育沼泽。由于人工改造的影响，三角洲平原面积很小。三角洲平原大致在滨海大道附近，主要有分流河道和分流间，分流河道常年有水，涨潮时会有海水倒灌，以沙质沉积为主，分流间出露于水面之上，生长大量草本植物，暴雨季节会被水淹没，特大潮时也会被海水淹没。主要沉积物为粉沙和泥。三角洲平原上爬行生物数量众多，生物潜穴密度大，主要以捣米蟹为主。

（2）三角洲前缘

滨海大道以东大部分区域，涨潮时在水面以下，地势平坦，退潮后可分辨出水下分流河道、水下分流河道间、河口沙坝。由于波浪的改造，水下天然堤不发育。

水下分流河道：宽度 10～15 m，河道槽深 0.5～1 m，河道比较平直，在前端分叉，呈放射状入海。岩性主要以中沙岩、细沙岩为主。石英含量 61%，正长石和斜长石含量 30%，云母含量 6%，泥质含量小于 3%。分选好，圆度为次圆到圆状。

水下分流河道间：以泥和粉沙沉积为主。由于河流带来大量陆上有机质，海洋生物在此觅食、繁殖，主要有蛤蜊、寄居蟹、文蛤等，退潮后常常聚集大量海鸟在此地觅食，海洋生物为了躲避鸟类和阳光，或钻洞挖穴，或随潮水退到海水面以下，表面分布大量生物潜穴。

河口沙坝：分布于水下分流河道前端，岩性以粉沙岩、细沙岩为主。矿物成分主要为石英，含量 66%，正长石和斜长石含量 28%，黑云母含量 4%，极少量其他暗色矿物和泥。河口沙坝的平面形态大致上有两种类型，一种为规则的透镜状，另一种为不规则的新月形。规则的透镜状沙坝分布在主河口的前端，长宽比大致上 3:1，长轴平行于水下分流河道的延伸方向。不规则的新月形沙坝分布在规模较小的水下分流河道前端，新月形的凸顶对着水下分流河道，凹弧一侧面向大海。这两种类型的沙坝都是河流和海洋共同作用的结果。河流携带大量碎屑物，遇到水流方向相反的海水后，能量突然降低，碎屑物被卸载，堆积在河口前端，使得河流的水流从沙坝的两侧分流，把沙坝改造为透镜状，再加上波浪的冲刷改造，使沙坝呈比较规则的透镜状。规模较小的水下分流河道的能量较小，在其前端卸载的碎屑物受波浪的改造作用明显，使碎屑物向两侧迁移，呈不规则的新月形。

2. 河口生物类型和生物活动

河流入海口地区有机质丰富，地势平坦，波浪运动弱，海洋生物丰富，以潜穴寄居生物和软体生物为主，有捣米蟹、沙蚕、竹蛏、扁玉螺、毛蚶、蛤蜊、圆球股窗蟹、滩栖螺、海蜇等。

生物在沙滩上觅食和生活留下了大量的生物潜穴、爬行痕迹、排泄物。沉积成岩后，这些痕迹保留下来，形成遗迹化石。当涨潮时，大量生物出来觅食，退潮后，沙滩露出水面，为躲避天敌，爬行生物开始潜穴，等待下一次潮汐来临。赤土河三角洲有机质丰富，滩浅，引来大量海洋生物聚集觅食，海洋生物的丰富又引来大量的鸟类聚集，因此在三角洲前缘和三角洲平原上形成了大量的生物潜穴和其他遗迹。三角洲前缘上的潜穴密度 80～150 个/m^2，潜穴直径 3～7 mm，深度 5～15 cm，垂直潜穴和倾斜潜穴均有发育，垂直潜穴占 35%，倾斜潜穴占 65%，倾斜潜穴的倾斜角一般 50°～70°（潜穴与垂线的夹角）。三角洲平原上以比较大的生物为主，多为捣米蟹。捣米蟹头胸甲呈梨形，甲面隆起，步足长节内外侧各具一个卵形鼓膜，螯足长节内侧具一长卵形鼓膜。群居在淤积的沙滩上，退潮后活动，以洞口为中心向外边走边以双螯挖取沙团送入口中，有机质被筛下，剩下沙团以丸状自口上方吐出，再用螯摘下。洞口附近的沙滩表面遗留大量的挖食痕、爬行痕和沙丸。潜穴直径 5～20 mm，最大可达 30 mm，深度最大可达 40 cm，多以倾斜型为主。潜穴密度 10～50 个/m^2。

爬行迹有觅食迹、逃逸迹、停歇迹。逃逸迹一般为直线爬行痕迹，觅食迹多为不规则的曲线、折线痕迹，停歇迹往往在一处的印迹面积比较大。三角洲前缘主要有底栖生物的逃逸迹和觅食迹；三角洲平原上主要有捣米蟹的觅食迹和鸟类足迹。

在海滩表面分布有生物的排泄物或潜穴挖出来的具各种形状的残留物，有些呈线状堆集分布、有些零星分布、有些呈团粒状沿层面密集分布。

由于水深不同、环境不同，遗迹化石的特征不同，根据生物遗迹化石的特征可以恢复古沉积环境。一般情况下，在三角洲平原和潮上带，生物潜穴直径大、深度大，以倾斜型为主；潮间带以中、小型潜穴为主、潜穴深度小、穴壁粗糙、有倾斜的、也有垂直的；潮下带以倾斜型、"S"型为主，穴壁光滑并有修饰。

二、沿岸沙坝

分布在三角洲前缘的两侧，海水退至最低潮时露出水面。沉积物为细沙、粉沙，其中细沙占 68%，粉沙占 32%。矿物成分主要为石英，含量 71%，正长石和斜长石含量 24%，黑云母含量 3%，其他暗色矿物含量 2%。沙坝呈平行海岸线的透镜状，坝长 5～15 m，坝宽 3～5 m，坝高 0.2～0.4 m，向海一侧的坡角 2°～3°，背海一侧的坡角 3°～5°。坝顶粒度粗，泥质含量低，分选好，坝顶可见潮汐形成的冲蚀沟，冲蚀沟宽度 4 cm，深度小于 1 cm，方向 103°，平行于潮流方向；坝间谷地碎屑物粒度细，黑云母、泥质含量增加，分选相对差，发育各种类型的波痕。

首先介绍一下波痕的定义，波痕是在风、水流等动力作用下，在沉积物表面形成的波状起伏的痕迹。

波痕的描述主要包括波痕的形态和波痕要素（图 4-54）。波痕要素包括波长（L）、波高（H）、波痕指数（L/H）、波痕不对称度（l_1/l_2，l_1 为迎水面半波长，l_2 为背水面半波长）。

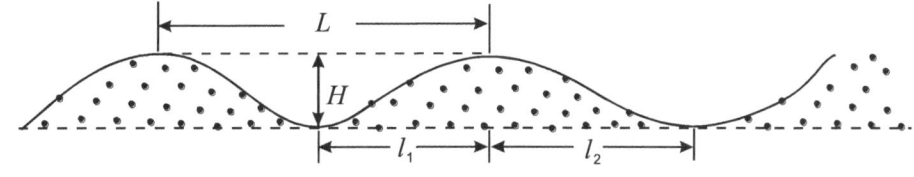

图 4-54 波浪要素测量示意图

波长：相邻两个波脊之间的水平距离。

波高：波谷最低点到波脊最高点的垂直高差。

波痕的规模和形态特征受水流大小、流态、地形和坡降等因素影响。

该区大部分为不对称波，波长一般 6.0 cm 左右，波高 0.3～0.5 cm，波痕指数 20～12，波痕不对称度 2～5。

根据波峰与波谷的宽度比可以划分为宽波峰波和窄波峰波两类。宽波峰波的波峰宽度是波谷宽度的 3 倍以上（波峰的宽度是指波峰两侧相邻两个波脚点间的水平距离，波谷的宽度是指波谷两侧相邻的两个波脚点间的水平距离）；窄波峰波的波峰宽度是波谷宽度的 1/3～1/2。

宽波峰波痕一般发育在沙坝的迎水坡和沙坝顶，以细沙为主，波谷中分布大量生物介壳碎屑。能量越强波峰的宽度越大。

根据观察，窄波峰波一般发育在沙坝背海面的低洼处，由于受沙坝的阻挡，波浪的能量突然降低，沉积物以粉沙、泥质为主的细碎屑物。

根据波痕的对称度可以划分为对称波痕、不对称波痕、圆顶波痕、双峰波痕。

根据波脊形态划分（图 4-55），有直线形波、曲线形波、错列形波、伴生波、分枝形波、交叉波、舌形波、新月形波等类型。

直线形波一般发育在地势平坦、地貌上开阔、波浪平稳的海滩。曲线波一般发育在地势上有起伏的海滩，由于海底的摩擦阻力，平行向前推进的波浪呈曲线状向前推进，在海底表面形成曲线状波痕，如果海滩的起伏幅度更大，容易形成错列波。交叉波、分枝形波一般发育在海湾地貌地区，波浪在向前推进的过程中，一侧触及岸，改变波浪的方向，与向前推进的波浪斜交，就形成了交叉波、分枝形波。伴生波一般形成在沙供应比较充分的地区，当波痕的峰高生长到比较高时，增大了波的阻力，后期波浪把波高比较大的波峰消掉，在前端形成一个长度 10～20 cm 的一段波痕，与主波之间关系密切。舌形波、新月形波一般与沉积物的不均匀有关，不同的碎屑颗粒向前推进的速度不同，能量较大时一般形成舌形波，能量小时形成新月形波。

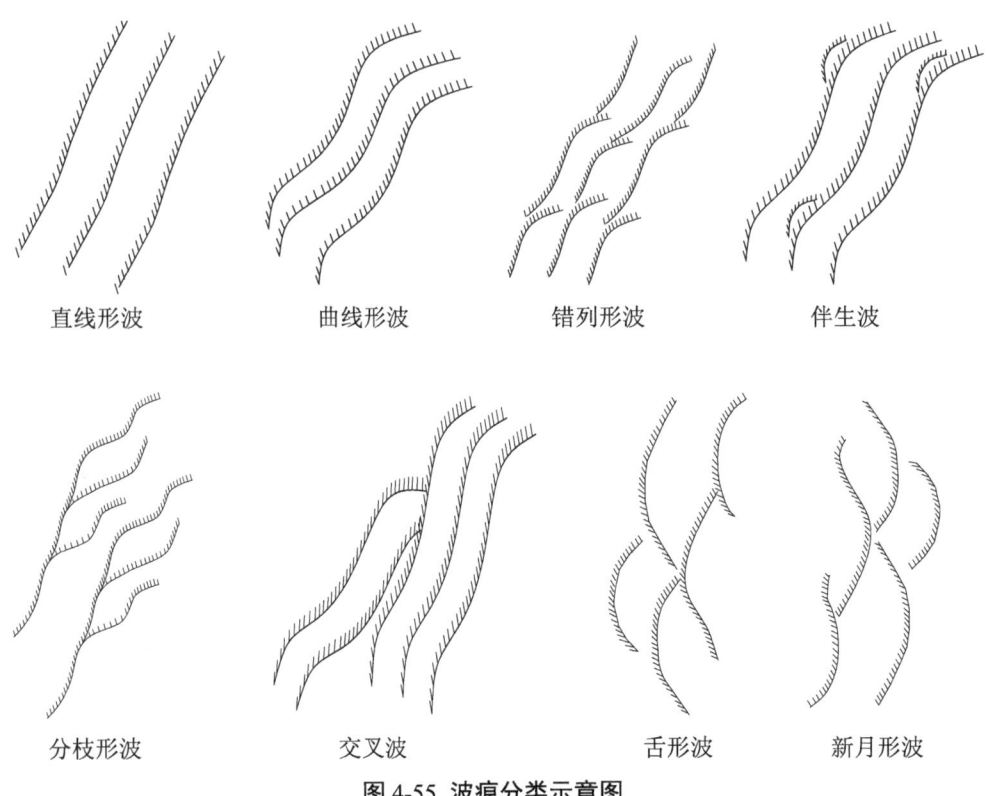

图 4-55 波痕分类示意图

三、上太古界花岗片麻岩岩石学特征以及裂缝发育特征

1. 岩石特征

鸽子窝地区出露的岩石主要是新太古代侵入的花岗岩，地质时期遭受了强烈的变形变质改造，大部分转化为了片麻岩。岩石呈灰白色，风化后的表面呈灰色，主要矿物成分是石英、正长石和斜长石，肉眼观察其含量分别为 30%、35%、25%，其他还有少量的黑云母、角闪石。中粗粒花岗结构，块状构造，弱片麻状构造。岩体被后期侵入的伟晶岩岩脉穿插、切割。

根据观察，新太古代花岗片麻岩中主要有两期的岩脉侵入，第一期为花岗伟晶岩岩脉，主要出露在鹰角亭。岩脉宽度 10 m 左右，长度大于 100 m，两端延伸至海底，走向 127°。灰白色、浅灰黄色，油脂光泽，主要成分是石英，含量 55% 左右，斜长石含量 30%，正长石含量 10%，见少量角闪石，有些已蚀变成绿泥石。伟晶结构，块状构造。岩脉中节理发育，主要有两组近直交的节理，一组走向44°，倾向134°，倾角69°，密度55条/m；另一组走向141°，倾向231°，倾角62°，10条/m。第二期侵入的岩脉为石英伟晶岩岩脉，分布在第一期伟晶岩近东西向节理中。

伟晶岩岩脉抗风化、剥蚀和冲蚀能力强，所以突出在鸽子窝的岬角处。

2. 裂缝发育特征

这套花岗片麻岩地层经历了多期地质构造运动和风化作用，裂缝发育。

根据裂缝的成因、形态特征、产状和发育规模，可以划分为三种类型：构造缝、风化缝、收缩缝。

构造缝受区域上的构造运动影响，延伸距离远，规模大，呈组出现，裂缝面一般比较平直。根据观察，主要发育两组构造裂缝，一组走向326°，倾向236°，倾角85°；另一组走向65°，倾向155°，倾角70°。另外还发育一些规模小、裂缝宽度窄，受上述两组裂缝限制的次一级裂缝。

风化缝多分布在出露的岩石上部，无规律，存在随机性，延伸距离短，多个方向的裂缝相互穿插。风化缝由上至下密度降低，上部裂缝的密度35条/m^2（远距离观察，规模比较大的宏观裂缝），下部裂缝的密度15条/m^2。

收缩缝是岩浆侵入后冷凝过程中，不均匀收缩形成的裂缝。收缩缝常常被后期活动的岩浆侵入或矿物充填。

四、海蚀作用与海岸地貌

秦皇岛地区有两种海岸地貌，一种是向海突出的岬角，比如北戴河鸽子窝、小东山、金山嘴、山海关老龙头、秦皇岛码头。另一种是向陆地方向凹进的海湾，比如南戴河海滩、山东堡海滩、乐岛海滩等。

海岸地貌和水深环境影响波浪的能量强度。一般情况下，海湾地貌的地势比较平坦、海水浅、波浪和潮汐的能量弱，把河流输入的碎屑物通过改造、搬运、再分配和波选，形成宽阔的沙质海滩，这也造就了秦皇岛成为适合避暑、休闲、游泳的黄金海岸。向海突出的海岸形成岬角，这里水深、坡度大，波浪和潮汐的能量容易聚集，形成拍岸浪，冲刷侵蚀海岸。岬角地带一般都是抗剥蚀、冲蚀能力比较强的岩石。波浪从远洋至近岸，由对称波、低波峰、不连续波，逐渐过渡为不对称的连续波，波长逐渐减小，波峰逐渐升高，最后撞击到海岸，形成拍岸浪，拍岸浪能量巨大，并瞬间消失在被撞击的岩石上，使岩石破碎。海浪的冲蚀作用主要是通过水流的撞击和磨蚀，使岩石破碎、松动，再经过水流的冲洗和淘蚀，把岩石从基岩上剥离下来。经过海水长期的冲刷，岩石由大块变为小块，由棱角状变为次棱角、次圆状。

鸽子窝下面海滩上的砾石大部分都是从海岸上冲蚀下来的，也有上部风化自然垮塌脱落下来的。砾石直径最大 100 cm，一般 10～30 cm，大小混杂，多呈棱角状、次棱角状。砾石主要为花岗片麻岩和伟晶岩岩块。随着砾石与海岸距离的增加，磨圆度增加，粒度越小磨圆程度越高。砾石上面附着大量海洋生物。

基岩海岸常见的海岸地貌和海蚀现象有海蚀崖、海蚀柱、海蚀凹槽、海蚀缝、海蚀沟、海蚀洞、海蚀穹和海蚀残丘等。鸽子窝的海岸地貌有海蚀崖、海蚀柱、海蚀凹槽、海蚀缝、海蚀残丘、蜂窝状海蚀岩石和波切台等。

海蚀凹槽：基岩海岸不断受到波浪、潮汐的撞击、冲蚀，在高潮线附近形成近水平方向延伸的凹槽，随着时间的推移，凹槽不断加深、扩大，就形成了海蚀凹槽。鹰角亭海蚀柱的岩壁上发育了三个期次近水平延伸的海蚀凹槽，最早一期的海蚀凹槽距现在海平面的高度 6 m 左右，凹槽横向延伸长度 2～5 m，槽高 35 cm，槽深度 30～50 cm；第二期距现在海平面的高度 1.5 m 左右，凹槽横向延伸长度 8 m 左右，槽高 30～40 cm，槽深度 30 cm；第三期为现在正在冲蚀的凹槽，在平均高潮线附近，凹槽深度 20 cm，槽高 20 cm。

海蚀崖：在鹰角亭的东北侧形成了一个高差 15 m 左右，近直立的悬崖峭壁，这就是海蚀崖。当地壳和海平面稳定时，海蚀凹槽不断加深、扩大，上部岩石受重力的影响随之垮塌，就形成了海蚀崖。

海蚀柱：鸽子窝的海面上矗立着一个规模较大的海蚀柱，海蚀柱的顶端与鸽子窝的平台高度基本一致。说明海蚀柱原来与鸽子窝是一个相连的整体，在海浪和潮汐的冲刷作用下，沿裂缝等薄弱部位冲刷、切割，与基岩分离，形成现在的地貌特征。海蚀柱的水平截面大致上呈矩形，面积 5 m×8 m，高度 13 m 左右，裂缝发育。上部受风和雨水的侵蚀、改造，裂缝中破碎的碎屑物被带走，岩石的裂缝不断加宽，顶部岩石摇摇欲坠。

海蚀缝：海水沿岩石的裂缝冲刷、侵蚀，宽度不断扩大，深度不断加深，形成一定规模的裂缝。发育在海蚀柱上的海蚀缝具有下宽上窄的特点，缝的两壁整齐、光滑。下部宽度 0.5 m，上部宽度 0.1 m，高度 10 m 左右，深度 4～5 m，走向 60°，倾向 150°，倾角大于 80°。

海蚀残丘：在海浪的作用下，海岸不断被侵蚀、崩塌、后退，形成一个向海倾斜的滨海海底平台，由于其上坚硬的岩石抗冲蚀能量强，未被吞噬干净，成为突出在海平面之上的岩石。鸽子窝沿岸零星分布了几个海蚀残丘，其中一个比较大的残丘距高潮线 2 m 左右，面积 3 m×5 m。为灰白色花岗伟晶岩，晶体颗粒 5～20 mm，石英含量 40%，斜长石含量 40%，正长石含量 10%。发育三组节理，第一组走向 120°，倾向 210°，倾角近 90°，共 15 条 /5 m；第二组走向 40°，倾向 130°，倾角 75°，12 条 /5 m；第三组走向 175°，倾向 265°，倾角近 90°，3 条 /3 m。

海蚀洞：直径 0.2～1.0 m，深度 0.5～1.0 m。海水沿比较脆弱的岩石部位不断淘洗而形成。

蜂窝状海蚀岩：由于海水的浸泡、冲刷，岩石中的一些矿物被溶解、剥离，岩石变得更加疏松，岩石表面呈蜂窝状。特别是地层抬升之后，又经过风化作用，蜂窝状现象更加严重。

波切台：当地壳和海平面稳定时，海水不断侵蚀、冲刷，岩壁垮塌，节节后退，会在海平面附近形成一个比较宽阔的平台，就叫波切台。鹰角亭所处的平台就是古波切台。

思 考 题

（1）查阅资料，总结三角洲的分类方法，分析赤土河三角洲属于哪一类型。
（2）总结鸽子窝地区的海洋地质作用及特点。
（3）阐述生物化石以及生物遗迹化石在恢复古环境中的作用。
（4）如何利用古老岩石上留下的构造形迹，分析受力机制和构造活动的期次？
（5）总结鸽子窝地区岩脉的类型以及特点。
（6）总结鸽子窝地区上太古界岩石中的裂缝类型及成因。

第十八节　老虎石基岩海岸地貌特征及海洋地质作用线路

地理位置：北戴河老虎石。
构造位置：柳江盆地外围，燕山隆起与渤海湾凹陷过渡带上。
教学内容：（1）观察基岩海岸的海蚀地貌和海蚀现象；
　　　　　（2）对比观察沙质海岸与基岩海岸波浪的运动特征及地质作用；
　　　　　（3）观察上太古界的岩石特征；
　　　　　（4）观察、测量、描述岩石中的节理。

一、老虎石地区的海岸地貌特征

老虎石是由抗风化能力比较强的粗粒花岗片麻岩和伟晶岩岩脉突出的岬角，由于裂缝（节理）发育，被海水冲蚀、切割，逐渐成为海蚀残丘。特大潮时这些残丘与陆地分隔开，退潮时由连岛沙洲与陆地相连。

老虎石地区属于基岩海岸和沙质海岸地貌，老虎石基岩与联峰山的岩石基本相同，是以由斜长石、正长石、石英、角闪石和黑云母等矿物组成的上太古界花岗片麻岩为主，伟晶岩岩脉穿插其中。老虎石属于海蚀残丘，向海延伸距离 150 m 左右，总面积 3000 m² 左右，涨潮时面积减小，退潮时面积扩大，岩石之间以及岩石与陆地之间为沙质沉积。残丘后侧是宽阔的滨海沙滩。

二、岩石特征

老虎石地区出露的岩石为上太古界变质岩，主要有花岗片麻岩、角闪花岗片麻岩、二长花岗片麻岩以及伟晶岩岩脉等。

灰白色花岗片麻岩：灰白色，中、粗粒结构，变余花岗结构，片麻状构造，也有块状构造、条带状构造。主要成分中斜长石含量43%，石英含量35%，正长石含量10%，角闪石含量8%，另有少量的黑云母和磁铁矿。颗粒大小 3～7 mm，最大可达 10 mm。这类岩石主要分布在老虎石的西侧和东侧。

灰黑色角闪花岗片麻岩：灰黑色，中粒结构，片麻状构造、条带状构造，石英含量 25%，斜长石含量 40%，正长石含量 10%，角闪石含量高达 20%，局部最高可达 30%，另有少量的黑云母。颗粒大小 3～5 mm。这类岩石主要分布在老虎石的中部靠北侧。

浅肉红色二长花岗片麻岩：浅肉红色、肉红色，中粗粒结构，块状构造，弱片麻状构造，条带状构造。石英含量 20%，正长石含量 45%，斜长石含量 27%，角闪石含量 8%。颗粒大小 3～8 mm，最大可达 10 mm。这类岩石主要分布在老虎石的局部地段和靠岸处的雕塑基座下。

花岗伟晶岩：呈岩脉状产出，灰白色，伟晶结构，块状构造。石英含量 35%，斜长石含量 63%，有少量的其他暗色矿物。晶体颗粒大小 10～20 mm，最大可达 50 mm。斜长石白色，瓷板状光泽，断口平直，晶形完整，两组解理，一组完全，一组中等；石英颗粒呈灰白色，油脂光泽，半透明状，晶形不完整，多呈粒状，断口粗糙。岩脉的规模大小差别很大，大的伟晶岩岩脉宽度 70 cm 左右，延伸长度大于 10 m，小的岩脉宽度只有 2～3 cm，延伸长度不足 1 m。大型岩脉的走向相对一致，大致上在 345°。

石英伟晶岩：呈岩脉状产出，灰白色，伟晶结构，块状构造。主要成分是石英，含量大于 90%，局部有少量的斜长石，晶体颗粒大小 5～30 mm。石英伟晶岩岩脉的规模一般较小，宽度 2.0～3.0 cm，延伸长度一般不超过 1.0 m。

三、节理发育特征

观察点 1：老虎石公园西侧围墙外靠近低潮线

灰白色花岗片麻岩，发育三组节理，① 走向 180°，倾向 90°，倾角 86°，5 条 /2 m；② 走向 105°，近直立，3 条 /7 m；③ 走向 230°、倾向 216°，倾角 84°，4 条 /3 m。裂缝切穿岩脉，说明是在岩脉侵入后形成。

观察点 2：老虎石公园西侧围墙外高潮线以上靠近海岸

灰白色花岗片麻岩，发育三组节理，① 走向 172°，近于直立，22 条 /5 m，间距 3～14 cm；② 走向 114°，近于直立，7 条 /2 m；③ 走向 127°，近于直立，5 条 /2 m。一二组为共轭剪节理，三组为张节理，张节理面不平直，密度小。

观察点 3：老虎石最西端

灰白色中粗粒花岗片麻岩，发育四组节理，① 走向 26°，倾向 116°，倾角 50°，

5 条 /1 m；② 走向 54°，倾向 144°，倾角 75°，3 条 /2 m；③ 走向 41°，倾向 131°，倾角 80°，11 条 /1.5 m；④ 走向 160°，倾向 70°，倾角 80°，2 条 /3 m。节理面平直，宽度大，部分节理被海浪冲蚀后转化为了冲蚀缝，宽度被扩大数十倍。

观察点 4：老虎石西南端

灰白色中粗粒花岗片麻岩，发育两组节理，① 走向 330°，倾向 240°，倾角 80°，13 条 /10 m；② 走向 232°，倾向 142°，倾角 87°，8 条 /10 m。

观察点 5：老虎石南端

灰白色中粗粒花岗片麻岩，发育两组节理，① 走向 355°，倾向 85°，倾角 62°，27 条 /5 m；② 走向 330°，倾向 60°，倾角 89°，15 条 /3.5 m。

观察点 6：老虎石东侧

灰白色中粗粒花岗片麻岩，发育四组节理，① 走向 45°，倾向 315°，倾角 67°，15 条 /10 m；② 走向 83°，倾向 353°，倾角 65°，1 条；③ 走向 158°，倾向 68°，倾角 79°，17 条 /10 m；④ 走向 56°，倾向 146°，倾角 80°，6 条 /5 m。

老虎石地区节理发育，以剪节理为主，大部分节理面平直，多属高角度和垂直节理，根据编制的节理走向玫瑰花图分析（图 4-56），主要以三个方向为主：320°～330°，350°～360°，40°～50°，其中 320°～330° 方向的裂缝最发育。

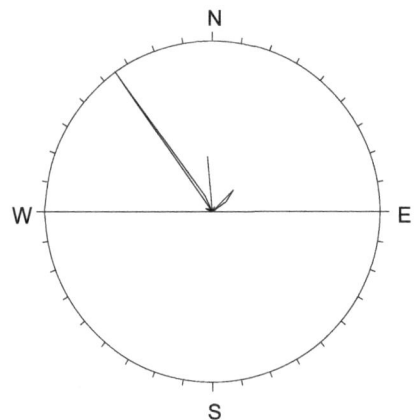

图 4-56 老虎石地区节理走向玫瑰花图

四、海洋地质作用

1. 海蚀作用

老虎石地区的海蚀现象主要有海蚀凹槽、海蚀沟和海蚀坑。海蚀凹槽主要发育在高出高潮线的残丘上，分布在向海面，近水平分布，凹槽的槽高 10～30 cm，槽深 10～40 cm，凹槽断面呈喇叭口状，外部宽，里面窄。在老虎石西侧比较高大的残丘上发育有两条海蚀凹槽，二者高度相差 1 m，下部一条位于目前的高潮线附近，上部一条高于现今高潮线 1.0 m 左右。在靠陆地附近的基岩上（雕塑底座）发育两条海蚀凹槽，大约 10 cm 深，槽高 5～8 cm，上下两期高度相差 1.0 m 左右，横向延伸长度 5 m 左右，下部海蚀凹槽高出现在高潮线 1.0 m 左右，与老虎石西侧上部的凹槽应该是同时间形成的。老虎石顶面与基座上部的海蚀凹槽高度基本一致，基座顶部（人工进行了改造，比实际的低了一些）与现在的海岸基岩（路面）的高度大致相当，属于古波切台，这样推算的结果说明该区曾经经历过三次明显的间歇性抬升。波切台曾经与原海平面高度一致，第一期海蚀凹槽是第一次抬升后间歇期的海平面，第二期海蚀凹槽是第二次抬升后间歇期的海平面，第三次抬升后，形成第三期海蚀凹槽，即现今海平面。

海蚀沟主要是沿原来的节理（裂缝）延伸，把原有的节理进一步冲蚀、加宽、加深。根据测量结果，冲蚀沟主要有两个方向，一组 344°，另一组 55°，宽度 0.3～0.5 m，深度 0.1～1.0 m。

海蚀坑是由于岩石的不均一性，某些部位抗风化、抗冲蚀能力弱，在海水的侵蚀下，在岩石表面形成大小、深浅不一的凹坑。海蚀坑的直径大小一般 10～20 cm，深度 5～10 cm。涨潮后海蚀坑被海水淹没，或波浪带入海水，退潮后海水被残留在海蚀坑中，在阳光的蒸发下会析出食盐晶体。

2. 沉积作用

沉积作用主要发生在老虎石残丘间、残丘和陆地之间以及老虎石两侧宽阔的沙质海滩上。

老虎石两侧的沙质海滩在低潮期沙滩的宽度大约 60 m，由于人工改造，后滨宽度只有 50 m 左右，坡度 3° 左右，以粗沙和砾为主，主要成分为石英、正长石和斜长石，含量分别为 35%、30% 和 25%；黑云母含量 8%，另有少量其他暗色矿物，并含有较多的海洋生物碎屑。前滨宽度 10 m，前滨上部宽度 6 m，坡度 5°～8.5°，以粗沙和砾沉积为主，发育冲洗交错层理，石英含量 30%，正长石含量 35%，斜长石含量 30%，黑云母含量 5%，分选较好，圆度为次圆状。前滨下部宽度大约 4 m，坡度 2.5°，以细沙和粉沙为主，分选好，圆度为次圆状，石英含量 40%，正长石含量 30%，斜长石含量 25%，黑云母含量 5%，另含有较多的生物碎屑。表面发育波痕，波宽 7 cm，波高 1 cm，不对称，向海面半波长 4 cm，背海面半波长 3 cm，波峰为细沙，波谷沉积粉沙。

海蚀残丘与陆地之间往往会形成连岛沙洲。连岛沙洲是由于波浪运动到海蚀残丘时能量降低，并发生折射，两侧的波浪折射后相向运动，能量相互抵消，携带的碎屑物不断沉积，最后形成高出水面的连岛沙洲。老虎石与陆地之间的距离 100 m 左右，沙洲呈哑铃形，退潮期连岛沙洲最窄处的宽度 25 m 左右，涨潮期最窄处宽度不足 5 m，特大潮时老虎石与陆地分离。沙洲顶部平坦，主要为粗沙、细沙和粉沙堆积，其中粗沙含量 20%，细沙含量 45%，粉沙含量 30%，另有少量的砾，含有大小不等的海洋生物碎屑。矿物成分主要为石英、正长石和斜长石，含量分别为 35%、35% 和 25%，另有少量的暗色矿物。圆度为次圆状，分选中等。沙洲顶部平坦，两侧坡度变陡，坡度大约为 7°，主要为细沙和粉沙堆积，分选好—中等，圆度为次圆状，在高潮线附近有带状分布的砾，沙滩表面光滑，内部发育冲洗交错层理。在低潮线附近坡度变缓，小于 3°，主要堆积粉沙和细沙，分选好，圆度为次圆状。有比较多的生物潜穴和生物排泄物等遗迹。发育小型波痕，波长 6 cm，波高 3 cm。在低潮线附件发育一些低平的沙坝，沙坝宽度一般 1～3 m，坝高 5～10 cm，平行海岸分布，延伸长度 10～20 m，坝顶发育细小的潮汐冲蚀沟。

思 考 题

（1）总结野外露头中节理（裂缝）的测量与研究方法。
（2）对比分析基岩海岸与沙质海岸海洋地质作用的异同点。
（3）观察分析老虎石地区是否存在海岸阶地，如果有，可以划分出几级？
（4）老虎石的存在对周边海滩的沉积有哪些影响？
（5）详细观察老虎石附近波浪的运动规律，分析连岛沙洲的成因。

参 考 文 献

[1] 牛平山，张燕君，法蕾. 从山羊寨哺乳动物化石看柳江盆地洞穴堆积的时代与环境 [J]. 海洋地质与第四纪地质，2003，23（2）：117-122.

[2] 徐成彦，赵不亿. 普通地质学 [M]. 北京：地质出版社，1988.

[3] 华东石油学院矿物教研室. 沉积岩石学 [M]. 北京：石油工业出版社，1982.

[4] 何镜宇，余素玉. 沉积岩石学 [M]. 武汉：中国地质大学出版社，1989.

[5] 游振东，王方正. 变质岩岩石学教程 [M]. 武汉：中国地质大学出版社，1988.

[6] 中国地质大学. 北戴河地质认识实习简明手册 [M]. 武汉：中国地质大学出版社，2000.

[7] 武汉地质学院矿物教研室. 结晶学与矿物学 [M]. 北京：地质出版社，1979.

[8] 王鸿祯，刘本培. 地史学教程 [M]. 北京：地质出版社，1980.

[9] 孙永传，李惠生. 碎屑岩沉积相和沉积环境 [M]. 北京：地质出版社，1986.

[10] 李茂林，黎文清. 油气田开发地质基础 [M]. 北京：石油工业出版社，1979.

[11] 邱家骧. 岩浆岩岩石学 [M]. 北京：地质出版社，1985.

[12] 武汉地质学院煤田教研室. 煤田地质学 [M]. 北京：地质出版社，1981.

[13] 孔繁德. 秦皇岛山羊寨动物群及其生存环境的研究 [J]. 中国环境干部管理学院学报，2009，19（1）：1-8.

[14] B E 霍布斯，等. 构造地质学纲要 [M]. 刘和莆，等译. 北京：石油工业出版社，1982.

[15] 柳成志，马凤荣. 北戴河地区地质实习指导书 [M]. 北京：石油工业出版社，2006.

[16] 邵先杰，褚庆忠，马平华，等. 秦皇岛地质实习指导书 [M]. 北京：石油工业出版社，2007.

[17] 杨关秀. 古植物学 [M]. 北京：地质出版社，1994.

附　　图

秦皇岛野外地质实习报告
（黑体，加粗，小初；顶部空一行）

姓名：张某某

学号：□□□□

专业：□□□□

学院：□□□□

学校：□□□□

（黑体，小二；楷体，小二；与标题空五行）

□□□□年□□月□□日

（楷体，小二；与上面空四行，底部空一行）

附图 1-1　封面样板

目录

前言···Ⅰ
第1章 标题 ···1
   1.1 节标题···1
     1.1.1 条标题···1
结束语···10
参考文献··20
致谢··50

附图 1-2 目录页样板

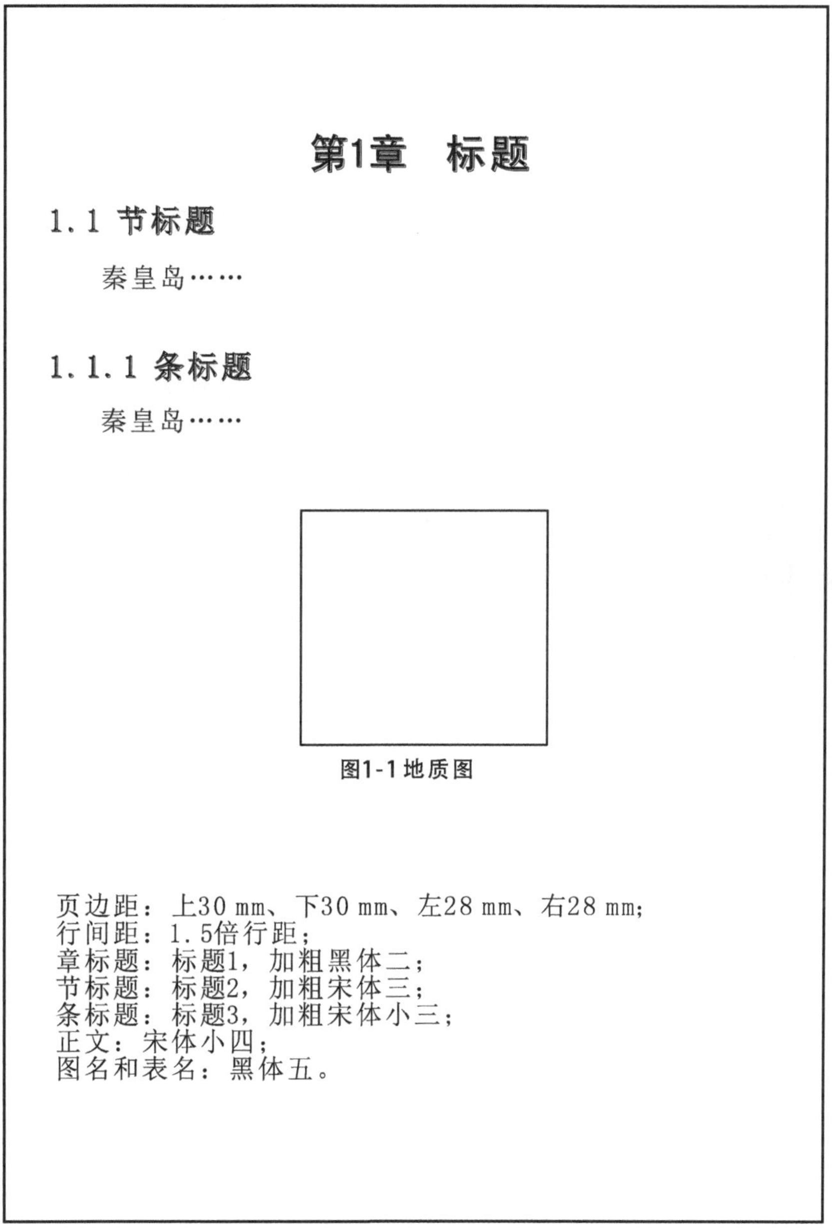

第1章　标题

1.1 节标题

秦皇岛……

1.1.1 条标题

秦皇岛……

图1-1 地质图

页边距：上30 mm、下30 mm、左28 mm、右28 mm；
行间距：1.5倍行距；
章标题：标题1，加粗黑体二；
节标题：标题2，加粗宋体三；
条标题：标题3，加粗宋体小三；
正文：宋体小四；
图名和表名：黑体五。

附图 1-3　正文页样板

附图 2-1 柳江盆地地貌图（截取于谷歌地图）

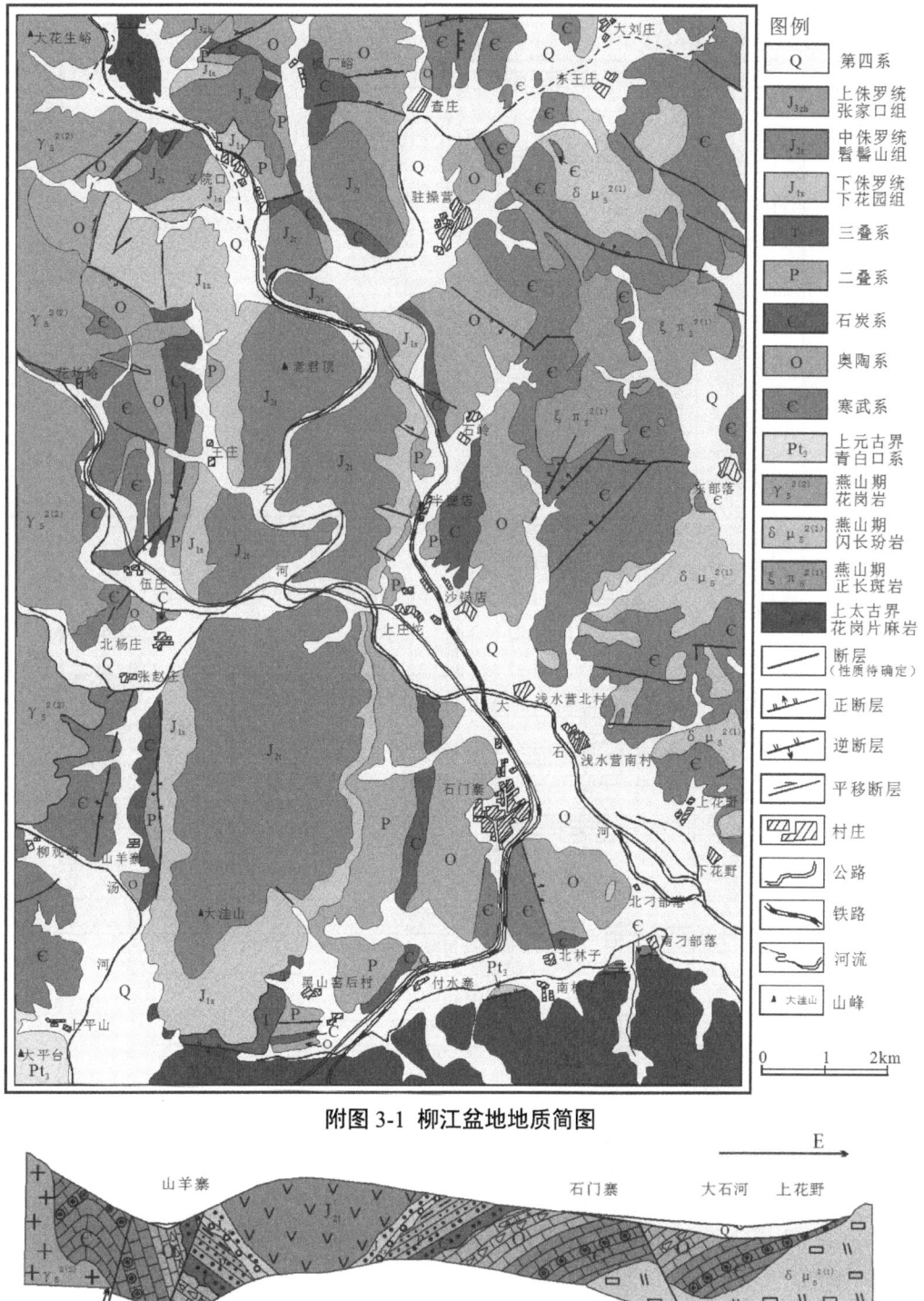

附图 3-1 柳江盆地地质简图

附图 3-2 柳江盆地东西向地质剖面示意图

界	系	统	组	构造运动	累计厚度/m	岩性柱状	厚度/m	岩性描述	沉积环境演化
新生界	第四系			燕山运动Ⅲ幕	0		3-10	为黏土、砂砾岩冲积物、风化土壤层	洪积环境
中生界	侏罗系	上统	张家口组 (J₃zh)	燕山运动Ⅱ幕			350	粗面质、粗安质熔岩、流纹岩、凝灰岩、火山角砾岩、火山集块岩以及火山沉积岩	火山爆发相溢流相、火山沉积相
		中统	髫髻山组 (J₂t)		500		1000	安山岩、角闪安山岩、辉石安山岩、角闪斜长安山岩、火山角砾岩、火山集块岩、凝灰岩含砾砂岩和凝灰质砂岩以及炭质泥和煤线	火山爆发相溢流相、火山沉积相
				燕山运动Ⅰ幕	1000				
		下统	下花园组 (J₁x)		1500		493	砾岩、含砾粗砂岩、砂岩、泥岩、炭质页岩夹煤线，含植物、昆虫、双壳和鱼类化石	冲积扇、河流、扇三角洲、湖泊、沼泽沉积环境
	三叠系	上统	黑山窑组 (T₃h)	印支运动 海西运动			162	黄褐色含砾粗砂岩、砂岩、粉砂岩、黑色炭质页岩夹煤线。见大量植物化石	湖泊、沼泽、河流沉积环境
上古生界	二叠系		石千峰组 (P₂sh)		2000		150	紫红色砾岩、砂岩、粉砂岩和泥岩	干旱气候条件下的河流沉积环境
			上石盒子组 (P₁s)				72	灰白色含砾粗粒石英砂岩，夹灰色细砂岩、粉砂岩、泥岩	
		下统	下石盒子组 (P₁x)				115	中粗粒杂砂岩、细砂岩、粉砂岩、泥质粉砂岩、紫红色泥岩。由三个向上变细的正旋回构成	河流、沼泽沉积环境
			山西组 (P₁s)				62	灰色中细粒石英杂砂岩、粉砂岩、泥岩、炭质页岩	
	石炭系	上统	太原组 (C₂t)				51	厚层灰岩、炭质泥岩、粉砂岩，夹煤层、球状风化，化石丰富	海陆过渡沉积环境
		中统	本溪组 (C₂b)	加里东运动	2500		82	褐黄色铁质颗粒砂岩、石英砂岩、炭质泥岩、碳质页岩夹煤线	
下古生界	奥陶系	中统	马家沟组 (O₂m)				101	灰白色灰质白云岩、白云岩、含燧石结核白云岩	潟湖环境
		下统	亮甲山组 (O₁l)				128	砾屑灰岩、虫孔灰岩、泥质条带灰岩、生物碎屑灰岩、含燧石结核或结核条带灰岩	浅海沉积环境
			冶里组 (O₁y)				125	灰色微晶灰岩、砾屑灰岩、虫孔灰岩、灰色泥灰岩	
	寒武系	上统	凤山组 (∈₃f)				92	砾屑灰岩、竹叶状灰岩、泥质条带灰岩、黄绿色页岩	
			长山组 (∈₃c)		3000		20	紫红色砾屑灰岩、竹叶状灰岩为主，夹泥灰岩及页岩	
			崮山组 (∈₃g)				102	紫红色砾屑灰岩、竹叶状灰岩、叠层石灰岩、藻灰岩、含硅结核泥岩	
		中统	张夏组 (∈₂z)				130	以鲕粒灰岩为主，少量藻灰岩、生物碎屑灰岩	
			徐庄组 (∈₂x)				101	黄绿色页岩为主，夹灰岩、鲕粒灰岩、泥灰岩透镜体	潮坪、潟湖、浅海环境
			毛庄组 (∈₂m)				80	紫红泥岩	
		下统	馒头组 (∈₁m)				70	砖红色泥岩夹白云岩、灰质白云岩透镜体	
			府君山组 (∈₁f)	蓟县运动	3500		146	为砂屑灰岩、豹皮状石灰岩，虫孔灰岩，与下伏上元古界景儿峪组平行不整合接触	浅海沉积环境
上元古界	青白口系		景儿峪组 (Pt₃j)				25-54	下部为石英砂岩，中上部为紫红、灰绿色泥岩，顶部灰质白云岩	滨浅海、潮坪沉积环境
			长龙山组 (Pt₃ch)	吕梁运动			25-91	底部为石英砂岩，中下部为粗粒、中粗粒石英砂岩，上部为棕色泥岩，含海绿石含量比较高，发育大型波痕	
上太古界			白庙组 (Ar₂b)					花岗片麻岩、正长花岗片麻岩等。是本区最古老的岩石，为该区古老的基底	

附图 3-3 柳江盆地地层层序图

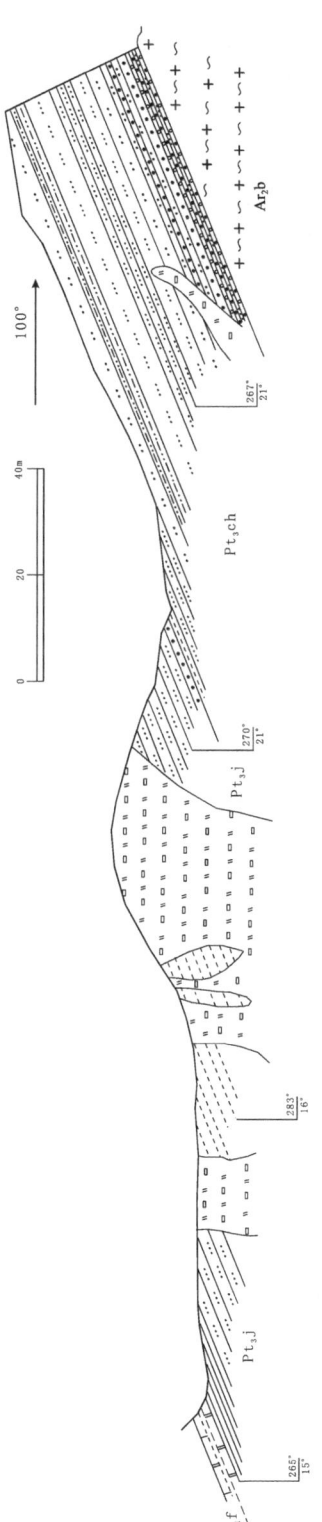

附图 4-1 张岩子西山上太古界—上元古界（$Ar_2b—Pt_3j$）剖面图

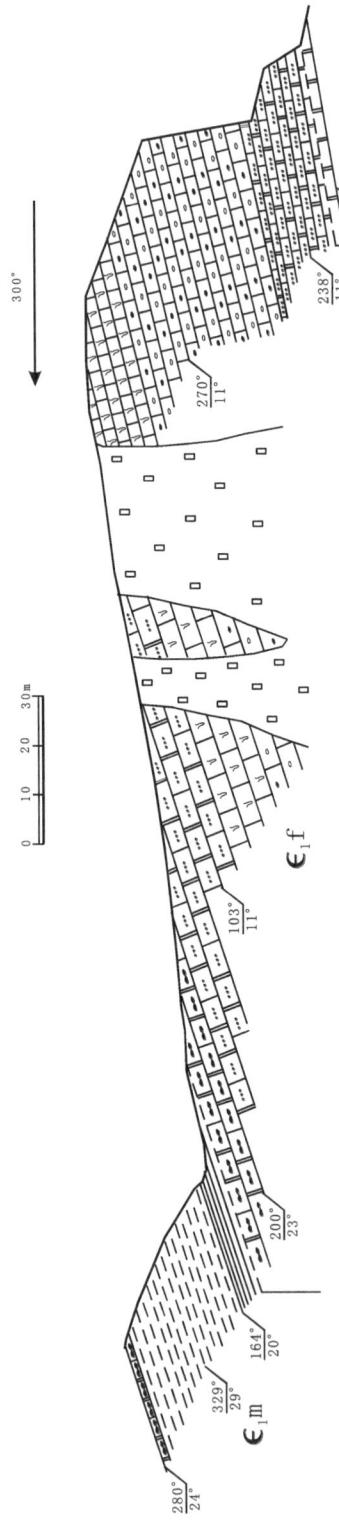

附图 4-2 东部落北山下寒武统（$\epsilon_1 f - \epsilon_1 m$）剖面图

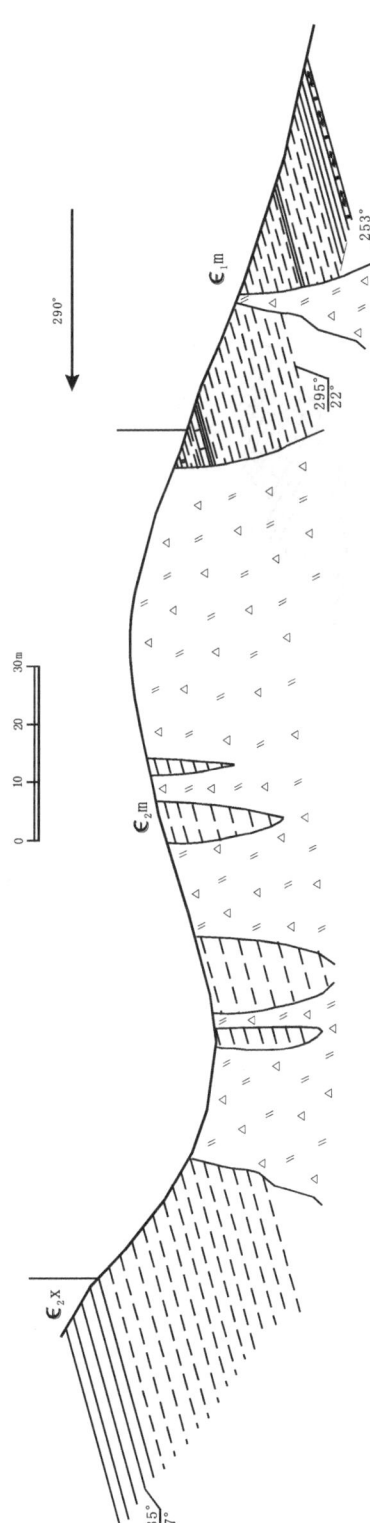

附图 4-3 沙河寨西寒武系下统—中统（$\epsilon_1 m$—$\epsilon_2 x$）剖面图

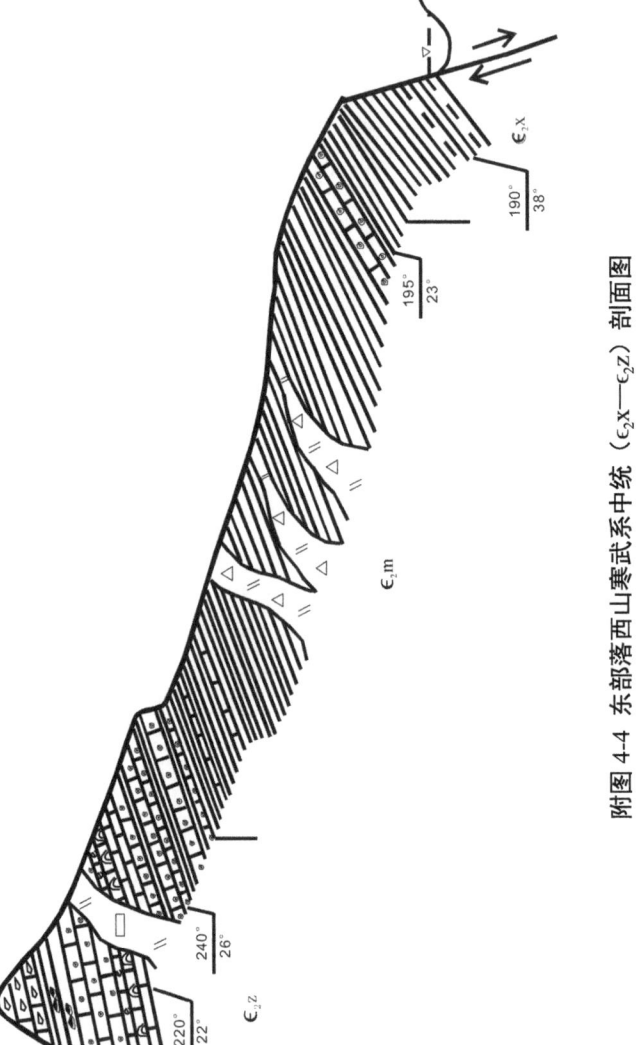

附图 4-4 东部落西山寒武系中统（$\epsilon_2 x$—$\epsilon_2 z$）剖面图

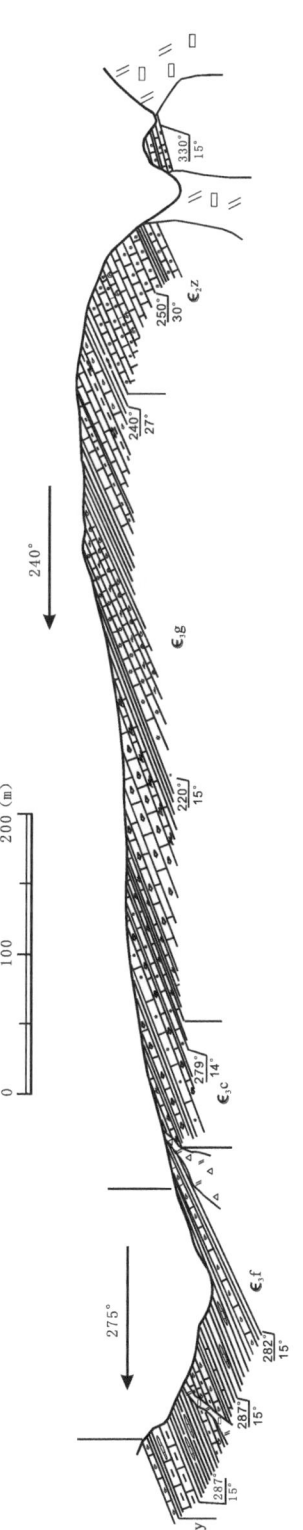

附图 4-5 东部落西山寒武系中统—上统（$\epsilon_2z—\epsilon_3f$）剖面图

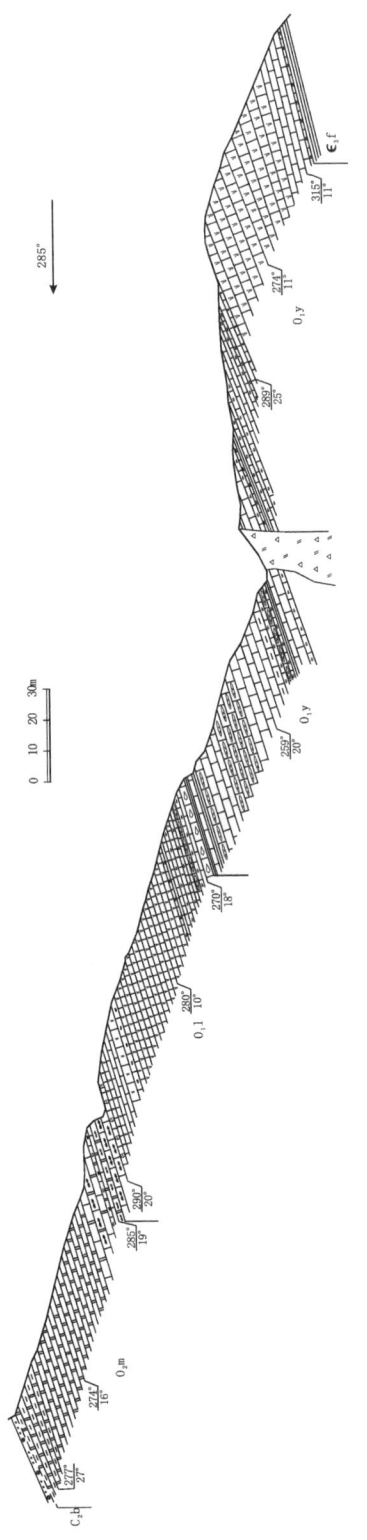

附图 4-6 潮水峪北山奥陶系（$O_1y—O_2m$）剖面图

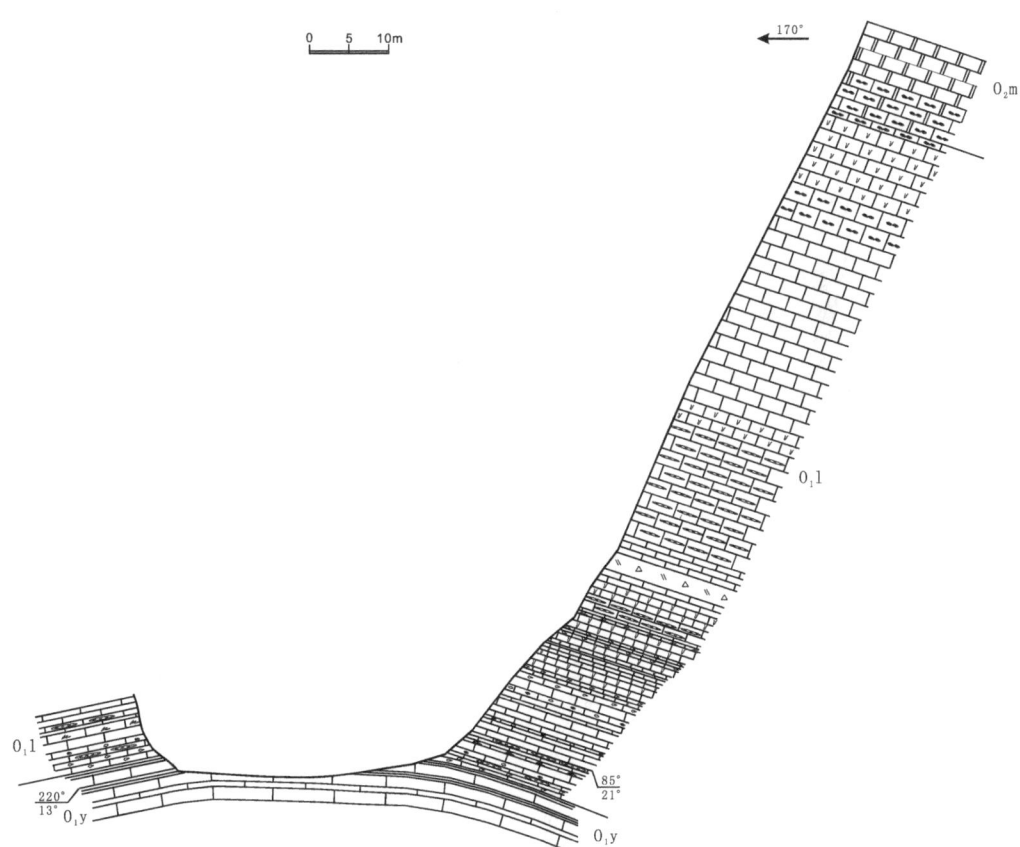

附图 4-7 亮甲山奥陶系（O_1y—O_2m）剖面图

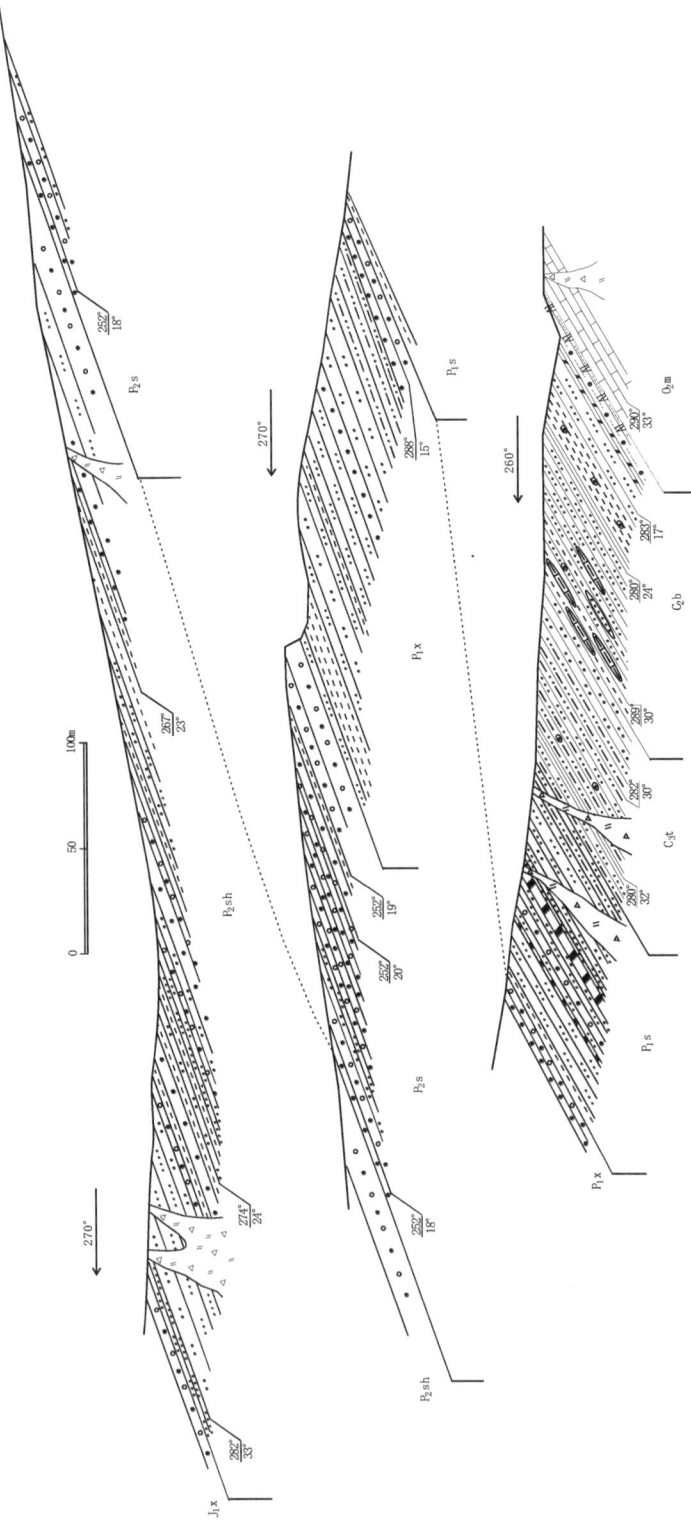

附图 4-8 石门寨瓦家山石炭系—二叠系（C_2b-P_2sh）剖面图

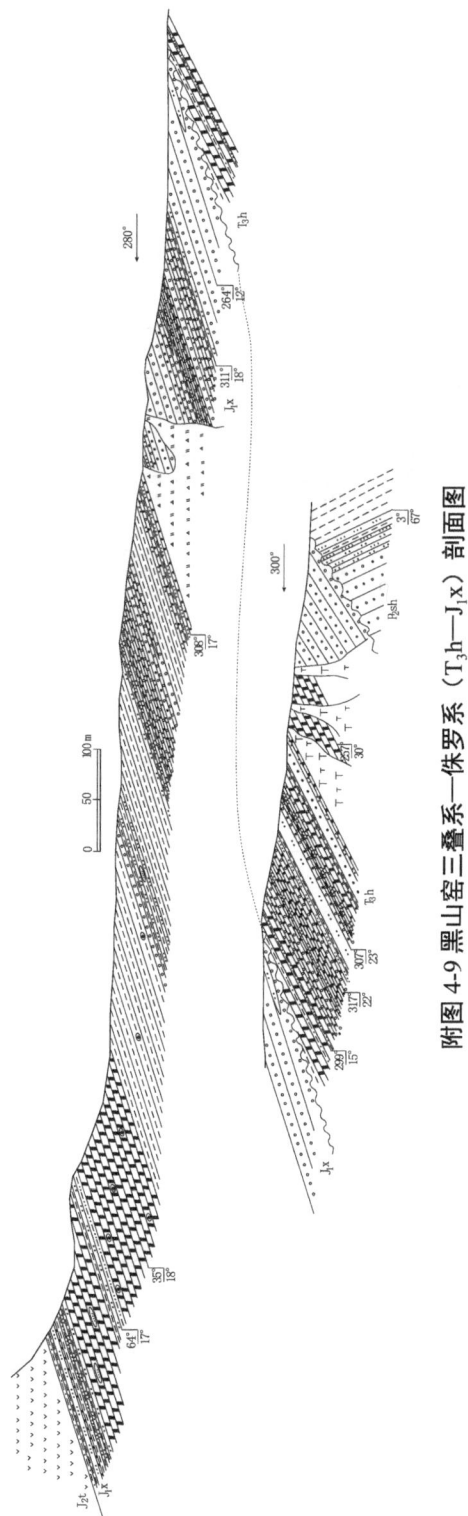

附图 4-9 黑山窑三叠系—侏罗系（$T_3h—J_1x$）剖面图

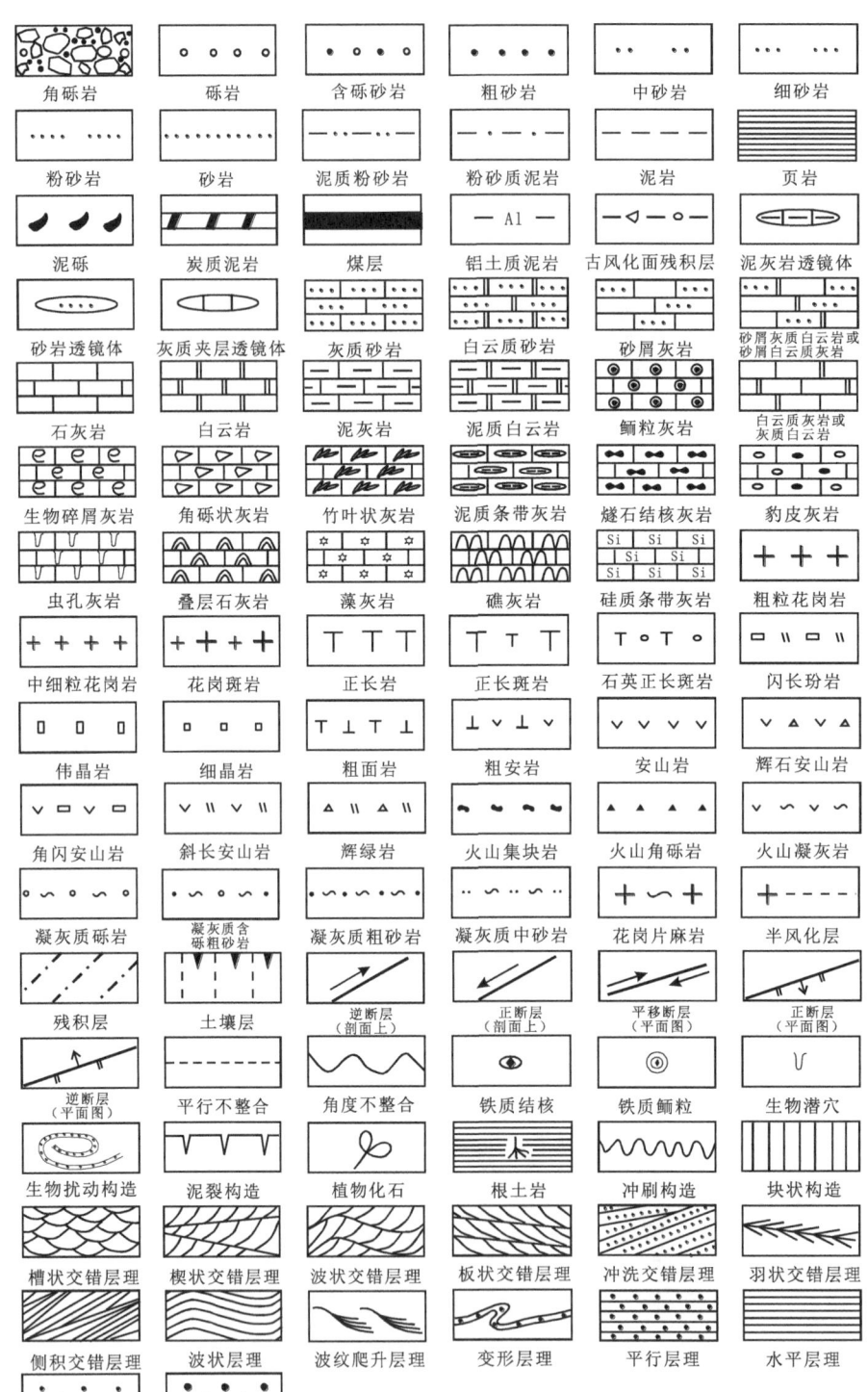

附图 4-10 地质常用图例